W0261147

ISBN 978-3-662-27180-3 ISBN 978-3-662-28663-0 (eBook)
DOI 10.1007/978-3-662-28663-0

Inhaltsverzeichnis.

Einleitung.

Daß die menschliche Arbeit das Fundament des wirtschaftlichen Wohlstandes der Völker ist, müßte man sich besonders in dem durch den Weltkrieg verarmten Europa immer mehr bewußt werden. Mag auch eine Beeinflussung des Verbrauchs, d. h. ein künstliches Zurückschrauben der Bedürfnisse — eine immerhin schwierige Sache besonders in Ländern mit alter Kultur — in Zeiten der Not am Platze sein, um wirtschaftliche Katastrophen zu vermeiden, die wichtigste Aufgabe der Volkswirtschaft ist und bleibt, billig zu produzieren durch Sparsamkeit an Arbeitskräften und Rohstoffen, oder, wie der bekannte amerikanische Organisator G. H. Gilbreth es ausdrückt, „Jede Arbeit auf die beste Art zu tun". Eine wirklich schwierige, aber vornehme Arbeit des in Praxis stehenden Ingenieurs und soweit es das Bauen betrifft, des praktischen Bauingenieurs. Welche Bedeutung den Ingenieurbauten in der modernen Wirtschaft zukommt und welche ungeheuren Mittel in einem wirtschaftlich gut organisierten, von den Folgen eines modernen Krieges unberührten Lande aufgewandt werden können, zeigen die Vereinigten Staaten von Amerika. Daß es nicht gleichgültig ist, wie gebaut wird, darüber ist man sich ja klar. Aber es ist noch ein langer Weg, bis die Erkenntnis auch in Ingenieurkreisen allgemein durchgedrungen ist, daß es auch im Ingenieurbau eine Arbeits- oder Betriebswissenschaft gibt und daß die Verbesserung der vorhandenen Arbeitsmethoden und die Untersuchungen zur Feststellung der besten Arbeitsverfahren mit zu den wichtigsten Aufgaben des praktischen Ingenieurs zählen. Der Nutzen, welcher der Volkswirtschaft und den Unternehmungen durch Umstellung der Betriebe auf größte Wirtschaftlichkeit erwachsen würden, wäre jedenfalls ein ungeheurer. Voraussetzung hierfür ist, die Anerkennung der Baubetriebswissenschaft als Wissenschaft und die Heranbildung geeigneter, vor allem auf wirtschaftliches Denken beim Bauen eingestellter Ingenieure für die Praxis.

Die vorliegende Arbeit soll ein bescheidener Versuch sein, ein kleines Teilgebiet des so großen Arbeitsgebietes der Baubetriebswissenschaft zu behandeln, und zwar die Durchführung von Wirtschaftlichkeitsberechnungen zur Feststellung der Wirtschaftlichkeitsgrenzen und der erzielten Ersparnisse bei den fortgeschrittenen Arbeitsmethoden des Betonbaues. Vor allem sollen nähere Untersuchungen über die Wirtschaftlichkeit des Gußbetonbaues angestellt werden, um an Hand von Berechnungen Klarheit darüber zu schaffen, ob und unter welchen Umständen das Gußbetonverfahren wirtschaftlicher ist als die bisherigen Methoden. Der Verfasser ist sich der teilweisen Unvollkommenheiten solcher Untersuchungen bewußt, nicht minder aber auch, trotz der teilweisen Unzulänglichkeit, ihres praktischen Wertes unter der Voraussetzung einer möglichsten Anpassung an die Praxis, welche angestrebt wurde.

A. Grundlagen für Kostengegenüberstellungen und Wirtschaftlichkeitsberechnungen im praktischen Ingenieur-Hoch- und Tiefbau.

Um in den folgenden Untersuchungen des zweiten Teiles Wiederholungen zu vermeiden, mögen grundlegende Erörterungen vorausgehen, welche auf alle Gebiete des Ingenieur-Hoch- und Tiefbaues Anwendung finden können, soweit die Kosten von Arbeitsverfahren mit Maschinenbetrieb verglichen oder ermittelt werden sollen. Wenn nun auch nicht allen Fällen in der Praxis Rechnung getragen werden kann, so dürften doch im wesentlichen in den folgenden Ausführungen die Richtlinien gezeigt sein, nach welchen solche Kostenvergleiche von ausführenden Unternehmungen für Ingenieurbauten aufzustellen sind.

Die Ausführungskosten von Ingenieurbauten mit Maschinenbetrieb lassen sich in folgende Kostenfaktoren auflösen:

A. Geräte-Unkosten:
   1. Gerätekosten:
      a) Abschreibung und Verzinsung der Geräte,
      b) Unterhaltungskosten der Geräte,
   2. Zusammenbau, Abbau sowie An- und Rücktransport der Geräte,
   3. Fracht für die Geräte.

B. Kosten für Arbeitsverbrauch:
   4. Löhne für die Arbeiter und das Aufsichtspersonal,
   5. Betriebsstoff bzw. Energieverbrauch,
   6. Baustoffverbrauch.

C. Geschäftsunkosten und Verdienst des Unternehmers.

Nach einem anderen Gesichtspunkte geordnet kann man die Kosten auch einteilen in einmalige und dauernde Kosten, wobei die Posten A. 1a, 2 und 3 zu den ersteren A. 1b, B. und C. zu den letzteren zählen.

Im folgenden ist jedoch die erstere Einteilung beibehalten und in den nachstehenden Ausführungen einige erläuternde Bemerkungen beigefügt über die Annahmen, welche bei Ermittlung der einzelnen Kostenfaktoren gemacht wurden. Bekanntlich gehen ja die Ansichten über erforderliche Höhe der Abschreibungen und andere Preisfaktoren in den Kreisen der Techniker und der Volkswirtschaftler ziemlich weit auseinander, da auch jeder einzelne dieser Preisfaktoren als Variable von vielen anderen mathematisch oft sehr schwer faßbaren Größen aufgefaßt werden kann. Da es sich aber bei Wirtschaftlichkeitsberechnungen nicht darum handelt, die Untersuchungen möglichst kompliziert, sondern möglichst klar und den praktischen Verhältnissen angepaßt, zur Darstellung zu bringen und auch kleine Abweichungen in den gegemachten Annahmen das Ergebnis als solches, wenn folgerichtig aufgebaut wird, wenig beeinflussen können, so sind als veränderliche Größen bei den nachstehenden Wirtschaftlichkeitsberechnungen nur in Betracht gezogen:

1. Die Arbeitslöhne,
2. die Betriebsdauer, d. h. die Anzahl der Betriebsstunden pro Jahr,
3. Frachtenhöhe nach Lage der Baustelle,
4. Gerätekosten.

I. Die Arbeitslöhne.

In Fällen, wo nichts besonders gesagt ist und der Lohnanteil nicht als veränderliche Größe in die Rechnung eingeführt ist, sind die Löhne des Rhein.-Westf. Industriegebietes vom Frühjahr 1926 angenommen. Als Stundenlohn ist nicht der Lohn einer bestimmten Arbeiterkategorie, sondern ein **mittlerer Stundenlohn** eingeführt, welcher auch die Aufsicht mit einschließt und je nach der vorliegenden Arbeit um einen gewissen Prozentsatz über den Lohn des Tiefbau- bzw. Bauhilfsarbeiters zu stehen kommt. Bei großen Erdarbeiten beträgt dieser Prozentsatz z. B. 10—20%. Dieser mittlere Stundenlohn wird als Größe x in die Rechnung eingeführt. Damit ist der Veränderlichkeit der Löhne Rechnung getragen.

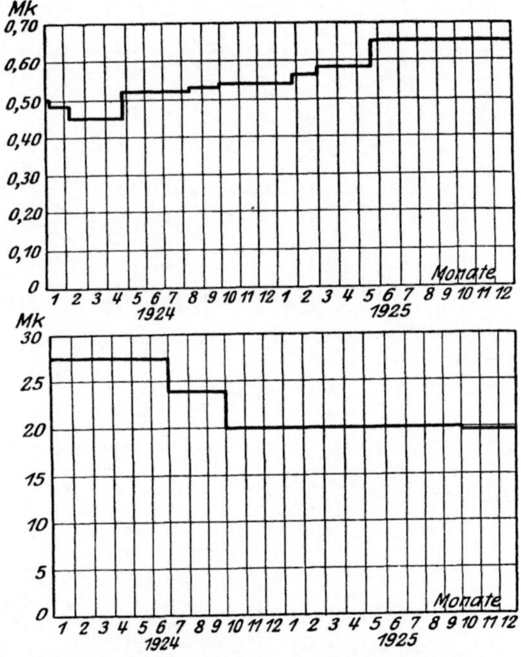

Abb. 1. Schwankungen des Tiefbauarbeiterlohnes und des Kohlenpreises in Westfalen.

Zur Erläuterung des Steigens und Fallens der Löhne sind in der Abb. 1 die Schwankungen der Löhne für das Rhein.-Westf. Industriegebiet von Januar 1924 bis Dezember 1925 aufgezeichnet. Gleichzeitig sind dort auch die Kohlenpreise verzeichnet.

In welchem Verhältnis die Arbeitslöhne innerhalb Deutschlands im Frühjahr 1926 verschieden waren, zeigt die Tabelle 1, die der Zeitschrift „Das Baugewerbe“ des Rhein.-Westf. Baugewerbeverbandes entnommen ist. Man ersieht hieraus, daß z. B. die Tiefbauarbeiterlöhne zwischen 0,50 M. und 0,95 M. schwanken, so daß es ganz leicht denkbar ist, daß in Süddeutschland eine maschinelle Anlage lohnt, die sich in Ostpreußen oder Schlesien bei den niederen Löhnen nicht mehr lohnen würde.

Tabelle 1. Lohn- und Gehaltstafeln für das Baugewerbe 1926.

1. Stundenlöhne der Bauarbeiter. 2. Wochengehälter der Poliere.

Lohngebiet	Vereinbarung oder Schiedsspruch	Gültig		Stundenlohn				Werkzeuggeld		Maurerlohn am 1. VIII. 14	Bemerkungen	Poliere	
		von	bis	Maurer	Zimmerer	Hilfsarb.	Tiefb.-arb.	Maurer	Zimmerer			ab	Wochengehalt
○Berlin	Schiedsspr.	31. VIII	30. XI.	125	125	96	74	0,75%	1,5%	82		31. VIII.	78,30 M.
Bielefeld	„	1. IV.	30. VI.	110	110	97	92	im Lohn enth.		64		3. VI.	68,70 M.
Herford II, Minden III . . .	„	„	„	102	102	90	70	„	„	58/53		„	63,70 M.
†Brandenburg, Frankf.-O. I .	„	12. VII.	30. XI.	90	90	72	60	.	1½%	58/55		12. VII.	56,— M.
† Cüstrin II . . .	„	„	„	85	85	69	57	.	„	50		„	53,— M.
† Meseritz III . .	„	„	„	75	75	60	49	.	„			„	47,— M.
†Braunschweig . .	Vereinbarung	1. X.	30. XI.	109	109	98	84	.	2 Pfg.	64		.	68,— M.
† Wolfenbüttel . .	„	„	„	107	107	96	82	.	„	58		.	67,— M.
○Bemen I . . .	„	29. X.	31. I. 26	114	114	101	95	im Lohn enth.		75		1. VII.	67,— M. (für beide)
○ Bremerhaven II	„	„	„	108	108	97	82	„	„	66		„	
†Breslau	Schiedsspr.	3. VII.	31. I. 26	105	105	86	78	„	„	65		3. VII.	Ges.-L. + 30% (für beide)
† Liegnitz	„	„	„	92	92	76	65	„	„	53		„	
○Dresden, Chemnitz, Ib . . .	„	31. VIII	30. XI.	113	113	94	86	1,5%	2%	72* 64**	Dresden* Chemnitz**	31. VIII.	71,— M. (für beide)
○ Leipzig Ia . .	„	„	„	114[5])	114[5])	95[5])	88[5])	„	„	77		„	
○ Plauen i. V. Ic	„	„	„	110	110	91	83	„	„	59		„	69,— M.
○ Zwickau I . .	„	„	„	108	108	89	81	„	„	55		„	68,— M.
†Erfurt	„	18. IX.	30. XI.	101	101	88	86	im Lohn enth.		64		18. IX.	63,— M.
† Eisenach, Weimar II A . . .	„	„	„	92	92	78	77	„	„	53		„	58,50 M.
† Meiningen, Rudolstadt II . .	„	„	„	87	87	74	73	,	„	48		„	54,50 M.
†Essen u. rh.-westf. Ind.-Geb. . . .	„	2. XI.	31. I. 26	110	113	90	65	.	.	64*	Essen*	22. V.	70,— M.
† Barm.-Elberfeld	„	„	„	115	118	95	76	.	.	65		„	73,— M.
† Düsseldorf-Köln	„	„	„	115	118	95	76	.	.	70		„	73,— M.

Frankf.-M., Darmstadt, Mainz, Wiesbaden. . .	Schiedsspr.	29. IV.		115	115	95	95	.	.	67		1. IV.	Ges.-L. + 25%
○ Feiburg-Breisg. Karlsr, Pforzh.	„	31. VIII.	30. XI.	112	112	90	86	im Lohn enth.		55/58/59 59* 63**	Fr. u. K.*	1. X.	300,—M.[1]
○ Heidelberg . .	„	„	„	114	114	91	88	„	„	58	Pforzheim**	Vbg.	
○ Gera-R. II, Altenburg I. . . .	„	17. IX.	30. XI.	97	97	86	86	„	„	55* 58**	Gera* Altenburg**	17. IX.	60,70 M.
† Gleiwitz, Beuthen	„	1. XI.	30. XI.	80	80	68	50		.	53*	Gleiwitz*	1. XI.	49,90 M.
† Görlitz	„	3. VII.	31. I. 26	93	93	78	63	im Lohn enth.		55		3. VII.	58,— M.
† Grünberg, Sagan	„	19. VI.	„	86	86	69	56	„	„	46*	Grünberg*	17. VI.	Ges.-L. + 30%
† Freystadt III . .	„	„	„	69	69	55	45	„	„			„	
○ Halle-S. Ia . .	„	31. VIII.	30. XI.	103	103	88	72	im Lohn enth.		66		31. VIII.	64,— M.
○ Bitterf., Dessau	„	„	„	96	96	82	67	„	„	53		„	60,— M.
○ Staßfurt II . .	„	„	„	90	90	76	62	„	„	46		„	56,— M.
○ Hamburg — Altona — Harb.	„	15. X.	31. I. 26	128	130	107	89	„	„	90		16. VII.	82,— M.
○ Lübeck . . .	„	„	„	106	108	94	77	„	„	70		„	68,— M.
○ Cuxhaven. . .	„	„	„	108	110	94	81	„	„				.
† Hannover A. . .	„	18. IX.	30. XI.	109[3])	109[3])	93[3])	85[3])	im Lohn enth.		73		„	69,— M.
† Osnabrück, Hildesheim B . .	„	„	„	104	104	89	80	„	„	Os. 58 Hi. 55/57		18. IX.	68,— M.
† Göttingen C . .	„	„	„	96	96	83	75	„	„	52		„	62,— M.
† Kassel.	„	31. VIII.	30. XI.	105	105	87	85	„	„	62		„	
○ Kaiserslautern .	Vereinbarung	16. VII.	. [2])	110	110	91	91	„	„	60		1. VIII.	68,—M.
○ Speyer	„	31. VIII.	30. XI.	115	115	92	89	„	„	60		„	
○ Kiel, Flensburg .	Schiedsspr.	15. X.	31. I. 26	106[4])	108[4])	94	77	„	„	77/68		16. VII.	68,— M.
○ Rendsburg, Schleswig . .	„	„	„	102	104	88	76	„	„	66/63		„	65,— M.
○ Königsberg-Pr., Lohngeb. I. .	Vereinbarung	19. X.	30 XI.	96	96	82	64	2 Pfg.	2 Pfg.	66	Vereinb.	1. X. 25b. 28. II. 26	57,— M.

Tabelle 1 (Fortsetzung).

Lohngebiet	Vereinbarung oder Schiedsspruch	Gültig		Stundenlohn				Werkzeuggeld		Maurerlohn am 1.VIII.14	Bemerkungen	Poliere	
		von	bis	Maurer	Zimmerer	Hilfsarb.	Tiefb.-arb.	Maurer	Zimmerer			ab	Wochengehalt
○Allenst., Lohng. Ia	Vereinbarung	19. X.	30. XI.	86	86	73	58	1 Pfg.	1 Pfg.	60	Vereinb.	1.X.25 bis 28.II.26	51,— M.
○ Bartenstein, Lohngeb. IIa	„	„	„	76	76	63	51	1 „	1 „	53			48,— M.
†Kreuznach . . .	Schiedsspr.	2. VII.	31.I.26	110	110	93	93	im Lohn enth.		48			
○Magdeburg . . .	„	31.VIII.	30. XI.	105	105	90	73	„	„	62/65		31.VIII.	66,— M.
○ Stendal	„	„	„	89	89	76	62	„	„	53		„	56,— M.
Mannh.-Ludwigsh.	„	31.VIII.	30. XI.	115	115	92	89	„	„	67	Vereinb.	1. X.	308 M.[1]
München, Nürnbg. Fürth, Augsburg	„	1. IV.	30. VI.	115	115	92	92	„	„	71* 66** 59	Mü.* Nü.** Aug.	9.VII.	75,— M.
Würzb., Regensb. I	„	„	„	105	105	84	84	„	„	55/57		„	68,— M.
○Oppeln	„	9. VII.	31. XII.	77	77	62	49	.	.	43			Ges.-L. + 30%
○ Brieg	Vereinbarung	13. VII.	„	87	87	70	52	.	.	46			
○Rostock Ia . .	Schiedsspr.	31.VIII.	30. XI.	97	97	84	67	im Lohn enth.		65		31.VIII.	60,— M.
○ Neustrelitz I .	„	„	„	86	86	73	58	„	„			„	53,— M
Saarbrücken . . .	Vereinbarung	29. IV.	.	5,15Fr.	5,15Fr.	3,60Fr.	3,60Fr.	.	.	60		29. IV.	307,— Fr.
†Schneidemühl .	„	3. VII.	4. III. 26	92	92	73	61	1 Pfg.	1 Pfg.	52		3. VII.	58,— M.
†Siegen	„	1. VII.	. [2]	100	100	75	68	im Lohn enth.		59			Ges.-L. u. 25%
†Stettin	Schiedsspr.	5. VI.	31.I.26	109	110	92	70	„	„	65		5. VI.	76,40 M.
† Stralsund Ia . .	„	„	„	95	96	80	57	„	„	54		„	59,60 M.
Stuttgart	„	1. IV.	30. VI.	115	115	92	85	„	„	65/67		1. V.	72,— M.
Ulm	„	„	„	102	102	82	75	„	„	52/54		„	64,— M.
†Danzig	„	16.VII.	. [2]	1,44G.	1,44 G.	1,44 G.	1,28 G.	„	„	63		16.VII.	84,46 Gld.

Neue Abschlüsse sind von den Bezirksverbänden stets sofort der Geschäftsstelle des Deutschen Arbeitgeberbundes für das Baugewerbe mitzuteilen.

[1]) Monatsgehalt. [2]) Bis auf weiteres. [3]) Zuzügl. 3 Pfg. Verkehrszulage. [4]) Kiel Facharbeiter 1 Pfg. mehr. [5]) Leipzig ab 1. IV. 26 115, 96, 89.

†) Die Ablaufstermine der Vereinbarungen und Schiedsprüche, die bis zum 31. März 1926 verlängert waren, unterliegen noch freier Vereinbarung bzw. der Entscheidung des Zentralschiedsgerichts, und die mit einem ○ versehenen Gebiete sind bis zum 30. Juni 1926 in den Bezirken des Deutschen Reiches durch zentrale Vereinbarung verlängert worden.

II. Die Betriebsdauer von Maschinen und Geräten

gibt die Anzahl der Betriebsstunden an, welche die Maschine in einem Jahre Verwendung finden kann. Hier muß in Erwägung gezogen werden, daß, soweit es sich nicht um eine sehr große Arbeit handelt, nicht das ganze Jahr Arbeit für die Maschine vorhanden ist. Wenn nichts besonders gesagt ist, wird in den folgenden Ausführungen der zehnstündige Arbeitstag, wie er im Rhein.-Westf. Industriegebiet im Jahre 1925 auf Tiefbaustellen üblich war, zugrunde gelegt. Mit Hilfe der Veränderlichkeit der Betriebsstunden lassen sich dann aber auch auf die Wirtschaftlichkeit eines täglichen 2-Schichtenbetriebes zu 10 Stunden, wie er bei großen Betonarbeiten üblich ist, Schlüsse ziehen, wenn man davon Abstand nimmt, daß in der Nachtschicht durch mangelhafte Beleuchtung, geringere Leistungsfähigkeit des Personals, kleine Minderleistungen eintreten, welche aber zahlenmäßig schlecht zu erfassen sind. Die erhöhten Gerätekosten sind in diesem Falle allerdings noch um die Kosten der Baustellenbeleuchtung zu vermehren. Die Betriebsstundenzahl wird in den nachstehenden Abhandlungen als veränderliche Größe b in die Rechnung eingeführt.

III. Frachtenhöhe nach Lage der Baustelle.

In einzelnen Fällen kann es zweckmäßig sein, bei Annahme eines festen Lohnsatzes und einer bestimmten Betriebsstundenzahl die Abhängigkeit der Wirtschaftlichkeitsgrenze eines Arbeitsverfahrens von der Entfernung des Lagerplatzes der Unternehmung von der Baustelle, d. h. der Frachtenhöhe für das zu der Arbeit erforderliche Gerät als veränderliche Größe festzustellen. Bei Berechnung der Frachtkosten ist der Frachtentarif des Deutschen Reiches für das Jahr 1926 zugrunde gelegt, der, soweit Frachten für Baugeräte und Baustoffe in Frage kommen, nach dem amtlichen Frachtsatzzeiger graphisch dargestellt wurde (siehe Abb. 2).

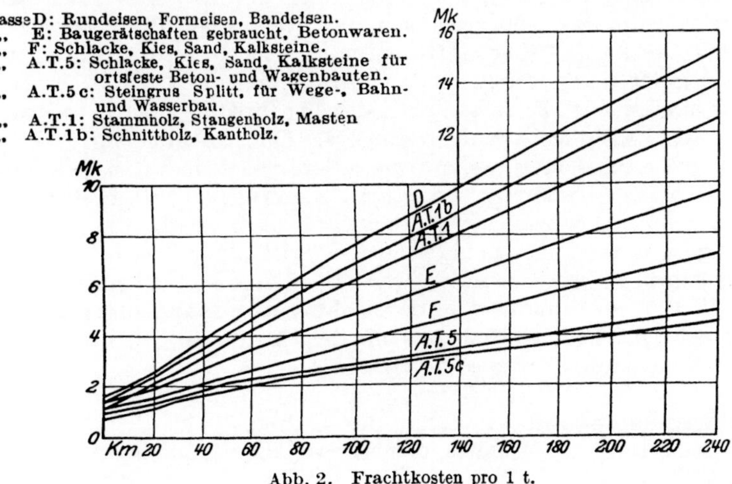

Abb. 2. Frachtkosten pro 1 t.

IV. Gerätekosten.

Im folgenden sollen die Annahmen, welche für die Abschreibung und Verzinsung des bei maschinellen Anlagen im Ingenieurbau festgelegten Kapitals gemacht wurden, sowie die Abhängigkeit dieses wichtigen Faktors von der Betriebsstundenzahl b näher erläutert werden. Das Ergebnis dieser Untersuchungen ist dann in besonderen Abbildungen bildlich zur Darstellung gelangt, auf welche in späteren Untersuchungen Bezug genommen ist. Es gilt zunächst eine geeignete Grundlage zu schaffen, um die Höhe der Abschreibung zu finden. Denn die hier in der Praxis von einzelnen Unternehmungen desselben und erst verschiedener Länder gemachten Annahmen weichen ganz erheblich voneinander ab. So sind die in den Vereinigten Staaten angenommenen Abschreibungssätze wesentlich höher als die zur Zeit in Deutschland üblichen. Die gewählte Abschreibungsquote ist andererseits auch ein Konjunkturfaktor und kann bei günstiger Konjunktur noch einen versteckten Gewinnanteil enthalten.

Die „Abschreibung“ soll eine Rücklage zur Anschaffung einer neuen Maschine nach Verbrauch durch Abnützung einer Maschine sein, kann aber auch und das wird auch in der Praxis vielfach vergessen, in einzelnen Fällen als Rücklage für die Anschaffung einer moderneren wirtschaftlicher arbeitenden Maschine gedacht sein, was dann der Fall ist, wenn erwartet werden darf, daß eine im ersten Stadium ihrer Entwicklung befindliche Maschine in einigen Jahren durch Neuerungen überholt ist. Nach wieviel Jahren ist nun eine Maschine abzuschreiben? Die zur Zeit in Deutschland üblichen Abschreibungssätze der Bauunternehmungen können wohl nicht auf die Dauer aufrechterhalten werden, da sie tatsächlich keine Abschreibung der Geräte in dem vorerwähnten Sinne ermöglichen. In Amerika hat die „Associated General Contractors of America“ auf Grund mehrjähriger genauer Ermittlungen an ihre Mitglieder Unterlagen herausgegeben, welche in der Fachzeitschrift „Engineering News-Record“ vom 7. August 1924 veröffentlicht sind. Die dortigen Prozentsätze sind aber nach den Erfahrungen des Verfassers besonders in bezug auf Werkstatt- und Bauplatzreparaturen wesentlich zu hoch gegriffen. Auch ist bei der Verzinsung nicht berücksichtigt, daß im Hinblick auf die fortschreitende Abschreibung die Verzinsung des Anlagekapitals sich ständig verringert. Die Abschreibung schematisch mit 10% einzusetzen, wie dies mancherorts geschieht, ist zweifellos auch nicht richtig, besonders wenn man nicht genau umschreibt, was in dem Begriff „Abschreibung“ alles enthalten sein soll. Es soll daher zunächst gesagt werden, was unter dem Begriff „Gerätekosten“, der hier eingeführt wird, verstanden werden soll, wobei allerdings festgehalten werden muß, daß bei der Ermittlung der „Geräteunkosten“ die Gerätekosten sich noch erhöhen um den Anteil der Fracht und des Zusammenbaues und Abbaues des Gerätes.

Unter dem Begriff „Gerätekosten“ soll verstanden sein

1. Abschreibung und Verzinsung des Gerätes

2. Unterhaltung des Gerätes, d. h. Kosten der aufgewandten Reparatur- und Ersatzteile.

Nicht enthalten sind in dem letzteren Betrag die für die Reparatur des Gerätes aufgewandten Löhne, da diese in dem Kostenanteil „Reparaturwerkstätte" enthalten sind und demnach erforderlichenfalls bei vollständigen Kostenberechnungen noch zugeschlagen werden müssen.

Es werden nun zweckmäßig im Ingenieurbau Geräte mit gleicher Gerätekostenhöhe zu Maschinengruppen zusammengefaßt und für die einzelnen Maschinengruppen, die Gerätekosten als Funktion der Betriebsstundenzahl ermittelt.

Mit Rücksicht darauf, daß die gegenwärtigen Zinssätze in Deutschland eine unnatürliche und nur aus der Not der Zeit geborene Erscheinung sind, wurde als Zinssatz ein solcher von $p = 6\%$ angenommen, wie er wohl bei Rückkehr normaler Verhältnisse zu erwarten ist. Aus dem bereits oben erwähnten Grunde, daß im Hinblick auf die fortschreitende Abschreibung die Zinsen sich stets verringern, wird bei Berechnung der Gerätekosten die Verzinsung bei einem Zinsfuß p nur mit $\frac{p}{2}$ in die Rechnung eingesetzt.

Die „Unterhaltungskosten" können nach den Erfahrungen des Verfassers bei neuen Geräten mit 2%, bei älteren Geräten mit 4%, i. M. also mit 3% eingesetzt werden. Die Unterhaltungskosten werden in Anlehnung an die von Prof. Aumund in seinem Werke „Hub- und Förderanlagen", Band I, gemachten Annahmen der Abschreibung zugeschlagen. Die in diesem Werke erwähnte Formel muß insofern eine Änderung für den Ingenieurbau erfahren, als hier nur mit durchschnittlich 250 Arbeitstagen im Jahre gerechnet werden kann, d. h. bei zehnstündiger Arbeitszeit mit 2500 Betriebsstunden.

Bezeichnet man die Abschreibungsziffer für eine bestimmte Gerätegruppe bei 2500 Betriebsstunden mit a_0, so kann bei veränderlicher Betriebsstundenzahl b die Abschreibung a gesetzt werden:

$$a = a_0 \left(1 - \frac{2500 - b}{2 \cdot 2500}\right).$$

Bei zweischichtigem Betrieb z. B., d. h. $b = 5000$, erhalten wir dann eine um 50% höhere Abschreibungsquote und ist damit dem Umstande Rechnung getragen, daß eine maschinelle Anlage, deren empfindlichere Teile gegen die Witterung geschützt sind, desto länger betriebsfähig bleibt, je kürzere Zeit sie täglich zu arbeiten hat.

Man erhält nun die Gerätekosten g pro Betriebsstunde unter der ebenfalls berechtigten Annahme, daß auch die Unterhaltungskosten nach demselben Gesetze wie die Abschreibungen wachsen, wenn man den Anlagewert mit A bezeichnet.

$$g = \frac{A}{100}\left(\frac{p}{2} + a + 3{,}0\right) \cdot \frac{1}{b}.$$

Setzt man für a den obigen Wert und für p 6% ein, so erhält man für die Gerätekosten einschl. Unterhaltung

$$g = \frac{A}{100}\left[6{,}0 + a_0\left(1 - \frac{2500 - b}{2 \cdot 2500}\right)\right] \cdot \frac{1}{b}$$

oder

$$g = \frac{A}{b} \cdot \frac{30\,000 + 2500 \cdot a_0 + a_0 \cdot b}{500\,000}.$$

Es ist nun der Wert a_0, welcher der „Grundwert der Geräteabschreibung" genannt werden soll, für die verschiedenen im Tief- und Betonbau vorkommenden maschinellen Anlagen festzulegen. Auch hier soll so sorgfältig wie möglich verfahren und nur die Praxis befragt werden. Die nachstehend angegebenen Abschreibungssätze sind auf Grund der Erfahrungen des Verfassers in Anlehnung an die angegebenen amerikanische Quelle aufgestellt und dürften auch ziemlich genau übereinstimmen mit den von Dr.-Ing. Eckert in seinem Werk „Kostenberechnung von Tiefbauten" gegebenen Werte, welche sich allerdings auf zwölfstündige Arbeitszeit, d. h. auf 3000 Betriebsstunden jährlich beziehen.

Wenn diese Werte auch einen gewissen Anspruch auf Anpassung an die Praxis machen, so soll damit nicht gesagt werden, daß nicht in Fällen, wo seitens der Unternehmungen Gerät zur Verwendung gelangt, das bereits abgeschrieben ist, auch ausnahmsweise mit einem niedrigeren Satze — aber nicht unter $a_0 = 10\%$ — gerechnet werden kann. Denn einmal erfordert altes Gerät erhöhte Unterhaltungskosten und können neue Erfindungen auf dem Gebiete der Baumaschinentechnik den Unternehmer zwingen, sofern er konkurrenzfähig bleiben will, seinen Gerätepark zu modernisieren, d. h. sich wesentlich teureres und moderneres Gerät zu beschaffen.

Im folgenden sind nun die verschiedenen Gerätegruppen mit dem zugehörigen Abschreibungsgrundwert a_0 aufgeführt:

Tabelle 2. Grundwerte der Geräteabschreibung nach Gerätegruppen geordnet.

Geräte	Wirtschaftliche Lebensdauer	a_0
	Jahre	in %
Dampflokomotiven, Lokomobilen, Quersiederohrkessel, Dampfstraßenwalzen, Gleisanlagen (Schienen ohne Schwellen) und Kleineisenzeug, Aufzüge mit elektr. oder Dampfantrieb, eiserne Bohrtürme, Einebnungspflüge	8	12
Löffel-, Eimer-, Greifbagger mit Dampf- bzw. elektr. oder Gasolineantrieb, Kompressoren, Motore, Dampframmen, Dampfkrane, eiserne Kippwagen (auch Selbstkipper) . .	6,5	15
Steinbrecher, Muldenkipper, hölzerne Bohrtürme, hölzerne Kippwagen (auch Selbstkipper), Bohrwagen für Tunnelvortrieb, Kabelbahnen, Gaslokomotiven, Betonmischmaschinen (mit Dampf-, elektr. oder Rohölantrieb), Mischer für Straßenbauten, Zentrifugalpumpen, Kolbenpumpen	5	20
Gußbetonanlagen, elektr. Lokomotiven, Transformatoren, Mischer für Straßenbauten mit Gasantrieb, pneumatische Betonstampfer, Personen- und Lastwagen, Waggons mit Kippvorrichtung, Benzinmotore, Bandsägen, Bremsberge, Werkstättenausrüstung, Bauhütten	4	25
Beförderungsband, Schalung für Eisenbetonbauten, Bohrhämmer, Kleingeräte, Schalttafeln, Schwellen	2	50

Für die verschiedenen Gerätegruppen erhält man dann die folgenden Formeln für g:

$$\underline{a_0 = 10\%:} \quad g = \frac{A}{b} \cdot \frac{5500 + b}{50000},$$

$$\underline{a_0 = 12\%:} \quad g = \frac{A}{b} \cdot \frac{12000 + 2{,}4\,b}{100000},$$

$$\underline{a_0 = 15\%:} \quad g = \frac{A}{b} \cdot \frac{13500 + 3\,b}{100000},$$

$$\underline{a_0 = 20\%:} \quad g = \frac{A}{b} \cdot \frac{4000 + b}{25000},$$

$$\underline{a_0 = 25\%:} \quad g = \frac{A}{b} \cdot \frac{3700 + b}{20000},$$

$$\underline{a_0 = 50\%:} \quad g = \frac{A}{b} \cdot \frac{3100 + b}{10000}.$$

Diese Formeln werden dazu benützt, um für jede Gerätegruppe, die Gerätekosten für 1 Betriebsstunde in Mark als Funktion der jährlichen Betriebsstunden b aufzustellen, und zwar für Anlagewerte von 2000 bis 40000 M. Für höhere Werte ergibt sich der entsprechende Abschreibungswert durch Addition oder Multiplikation. Die Ergebnisse sind nachstehend in Tabellen zusammengetragen, welche auch die Grundlage für die fünf graphischen Abbildungen S. 14—18 gebildet haben, bei deren Benützung auch Interpolation, wie sie bei den Tabellen nötig ist, vermieden wird. Die Gerätekosten für 1 Betriebstunde betragen:

Tabelle 3. $\underline{a_0 = 12\%}$.

	$b = 500$	1000	2000	3000	4000	5000	6000
$A =$ 2000	0,528	0,288	0,168	0,128	0,108	0,096	0,088
4000	1,060	0,576	0,336	0,255	0,216	0,192	0,176
6000	1,590	0,864	0,504	0,384	0,324	0,288	0,264
8000	2,120	1,152	0,672	0,512	0,432	0,384	0,352
10000	2,640	1,440	0,840	0,640	0,540	0,480	0,440
12000	3,170	1,728	1,008	0,768	0,648	0,576	0,528
14000	3,690	2,016	1,175	0,900	0,758	0,670	0,617
16000	4,220	2,304	1,360	1,020	0,864	0,768	0,705
18000	4,750	2,592	1,512	1,160	0,974	0,863	0,792
20000	5,280	2,880	1,680	1,280	1,080	0,960	0,880
22000	5,808	3,168	1,848	1,408	1,188	1,056	0,968
24000	6,340	3,456	2,016	1,535	1,296	1,152	1,056
26000	6,870	3,744	2,184	1,664	1,404	1,248	1,144
28000	7,400	4,032	2,352	1,792	1,512	1,344	1,232
30000	7,920	4,320	2,520	1,920	1,620	1,440	1,320
32000	8,450	4,608	2,688	2,048	1,728	1,536	1,408
34000	8,970	4,896	2,855	2,180	1,838	1,630	1,497
36000	9,500	5,184	3,040	2,300	1,944	1,728	1,585
38000	10,030	5,472	3,192	2,440	2,054	1,823	1,672
40000	10,560	5,760	3,360	2,560	2,160	1,920	1,760

Tabelle 4. $a_0 = 15\%$.

	$b = 500$	1000	2000	3000	4000	5000	6000
$A = 2000$	0,60	0,33	0,195	0,150	0,123	0,114	0,105
4000	1,20	0,66	0,390	0,300	0,256	0,228	0,210
6000	1,80	0,99	0,585	0,450	0,384	0,342	0,315
8000	2,40	1,32	0,780	0,600	0,512	0,456	0,420
10000	3,00	1,65	0,975	0,750	0,637	0,570	0,525
12000	3,60	1,98	1,170	0,900	0,765	0,684	0,630
14000	4,20	2,31	1,365	1,050	0,893	0,798	0,735
16000	4,80	2,64	1,560	1,200	1,021	0,912	0,840
18000	5,40	2,97	1,755	1,350	1,149	1,026	0,945
20000	6,00	3,30	1,950	1,500	1,275	1,140	1,050
22000	6,60	3,63	2,145	1,650	1,403	1,254	1,155
24000	7,20	3,96	2,340	1,800	1,531	1,368	1,260
26000	7,80	4,29	2,535	1,950	1,659	1,482	1,365
28000	8,40	4,62	2,730	2,100	1,787	1,596	1,470
30000	9,00	4,95	2,925	2,250	1,912	1,710	1,575
32000	9,60	5,28	3,120	2,400	2,040	1,824	1,680
34000	10,20	5,61	3,315	2,550	2,168	1,938	1,785
36000	10,80	5,94	3,510	2,700	2,296	2,052	1,890
38000	11,40	6,27	3,705	2,850	2,424	2,166	1,995
40000	12,00	6,60	3,900	3,000	2,550	2,280	2,100

Tabelle 5. $a_0 = 20\%$.

	$b = 500$	1000	2000	3000	4000	5000	6000
$A = 2000$	0,72	0,40	0,24	0,187	0,160	0,144	0,133
4000	1,44	0,80	0,48	0,374	0,320	0,288	0,266
6000	2,16	1,20	0,72	0,561	0,480	0,432	0,399
8000	2,88	1,60	0,96	0,748	0,640	0,576	0,552
10000	3,60	2,00	1,20	0,935	0,800	0,720	0,665
12000	4,32	2,40	1,44	1,122	0,960	0,864	0,798
14000	5,04	2,80	1,68	1,309	1,120	1,008	0,931
16000	5,76	3,20	1,92	1,496	1,280	1,152	1,064
18000	6,48	3,60	2,16	1,683	1,440	1,296	1,197
20000	7,20	4,00	2,40	1,870	1,600	1,440	1,330
22000	7,92	4,40	2,64	2,057	1,760	1,584	1,463
24000	8,64	4,80	2,88	2,244	1,920	1,728	1,596
26000	9,36	5,20	3,12	2,431	2,080	1,872	1,729
28000	10,08	5,60	3,36	2,618	2,240	2,016	1,862
30000	10,80	6,00	3,60	2,805	2,400	2,160	1,995
32000	11,52	6,40	3,84	2,992	2,560	2,304	2,128
34000	12,24	6,80	4,08	3,179	2,720	2,448	2,261
36000	12,96	7,20	4,32	3,366	2,880	2,592	2,394
38000	13,68	7,60	4,56	3,553	3,040	2,736	2,527
40000	14,40	8,00	4,80	3,740	3,200	2,880	2,660

Aus den graphischen Abb. 3—7 lassen sich bei einem bestimmten Neuwert der maschinellen Anlage sofort die Gerätekosten entnehmen, Es ist selbstverständlich, daß man bei der Abschreibung von dem Neuwerte des Gerätes ausgehen muß, und zwar zum Zeitpunkt der Kalkulation und nicht etwa vom sog. „Gebrauchs- oder Verkehrswert“ des Gerätes, welcher den tatsächlichen Wert des Gerätes zum Zeitpunkt

Tabelle 6. $a_0 = 25\%$.

	$b = 500$	1000	2000	3000	4000	5000	6000
$A = 2000$	0,84	0,47	0,285	0,223	0,192	0,174	0,161
4000	1,68	0,94	0,57	0,446	0,385	0,340	0,323
6000	2,52	1,31	0,855	0,669	0,577	0,522	0,485
8000	3,36	1,88	1,140	0,892	0,770	0,696	0,646
10000	4,20	2,350	1,425	1,112	0,962	0,870	0,808
12000	5,04	2,82	1,710	1,338	1,155	1,044	0,970
14000	5,88	3,29	1,995	1,561	1,347	1,218	1,131
16000	6,72	3,76	2,280	1,784	1,540	1,392	1,293
18000	7,56	4,23	2,565	2,007	1,732	1,566	1,454
20000	8,40	4,70	2,85	2,230	1,925	1,740	1,616
22000	9,24	5,17	3,135	2,453	2,118	1,914	1,778
24000	10,08	5,64	3,420	2,676	2,310	2,088	1,939
26000	10,92	6,11	3,705	2,899	2,503	2,262	2,101
28000	11,76	6,58	3,990	3,122	2,695	2,436	2,263
30000	12,60	7,05	4,275	3,345	2,888	2,610	2,425
32000	13,44	7,52	4,560	3,568	3,080	2,784	2,586
34000	14,28	7,99	4,845	3,791	3,273	2,985	2,748
36000	15,12	8,46	5,130	4,014	3,465	3,132	2,909
38000	15,96	8,93	5,415	4,237	3,658	3,306	3,071
40000	16.80	9,40	5,700	4,46	3,850	3,480	3,239

Tabelle 7. $a_0 = 50\%$.

	$b = 500$	1000	2000	3000	4000	5000	6000
$A = 2000$	1,44	0,82	0,51	0,407	0,355	0,324	0,303
4000	2,88	1,64	1,02	0,814	0,710	0,648	0,606
6000	4,32	2,46	1,53	1,221	1,065	0,972	0,909
8000	5,76	3,28	2,04	1,628	1,420	1,296	1,212
10000	7,20	4,10	2,55	2,035	1,775	1,620	1,515
12000	8,64	4,92	3,06	2,442	2,130	1,944	1,818
14000	10,08	5,74	3,57	2,849	2,485	2,268	2,121
16000	11,52	6,56	4,08	3,256	2,840	2,592	2,424
18000	12,96	7,38	4,59	3,663	3,195	2,916	2,727
20000	14,40	8,20	5,10	4,070	3,550	3,240	3,030
22000	15,84	9,02	5,61	4,477	3,905	3,564	3,333
24000	17,28	9,84	6,12	4,884	4,260	3,888	3,636
26000	18,72	10,66	6,63	5,291	4,615	4,212	3,939
28000	20,15	11,48	7,14	5,698	4,970	4,536	4,242
30000	21,60	12,30	7,65	6,105	5,325	4,860	4,545
32000	23,04	13,12	8,16	6,512	5,680	5,184	4,484
34000	24,48	13,94	8,67	6,119	6,035	5,508	5,151
36000	25,92	14,76	9,18	7,326	6,390	5,832	5,454
38000	27,65	15,58	9,69	7,733	6,745	6,156	5,757
40000	28,80	16,40	10,20	8,140	7,100	6,480	6,060

der Wertbestimmung darstellt und nur bei der Gerätebewertung als Vermögensbestandteil Anwendung findet. Eine weitere Erläuterung zu den Abbildungen und Begründung ihrer Zweckmäßigkeit dürfte sich erübrigen. Die Vorzüge graphischer Darstellungen überhaupt nicht nur für den konstruierenden, sondern auch für den praktischen Ingenieur, sind ja heute allgemein anerkannt.

Wenn vielleicht die Abschreibungen nach diesem Verfahren teilweise etwas hoch erscheinen möchten, so muß gesagt werden, daß es billigerweise den Unternehmungen, auch in Zeiten schlechter Konjunktur, nicht

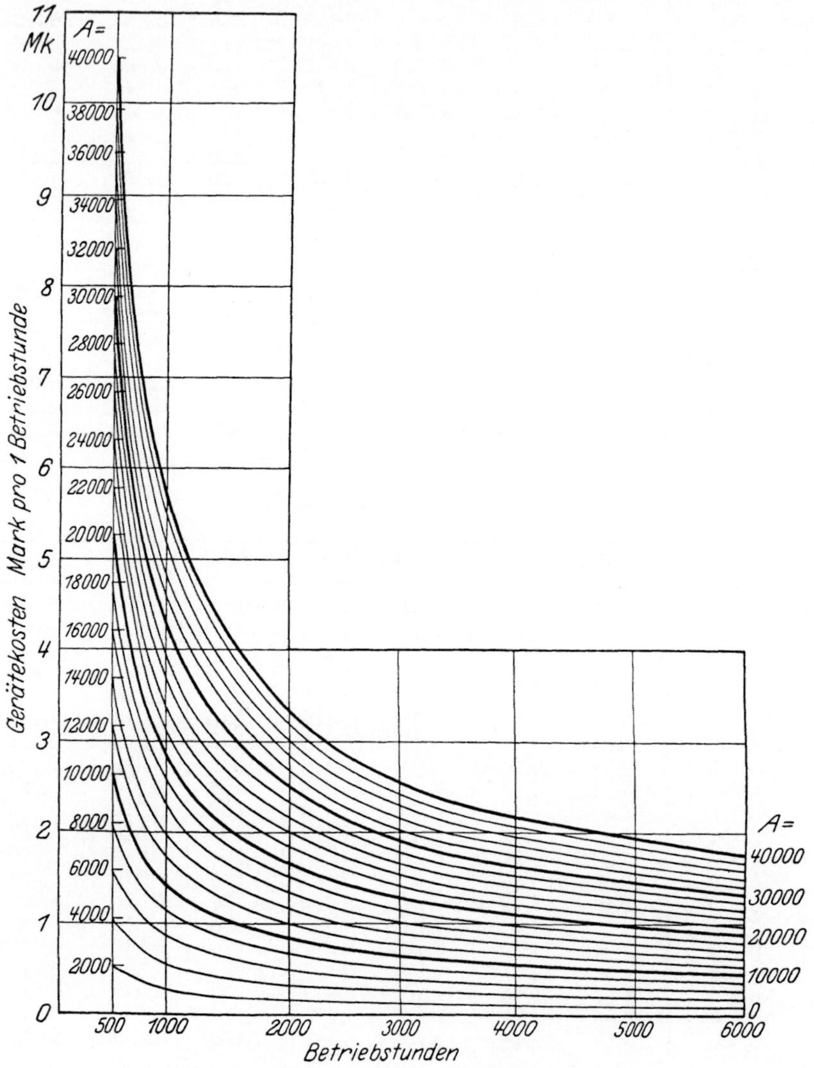

Abb. 3. Gerätekosten für den Abschreibungsgrundwert $a_0 = 12\%$.

zugemutet werden kann, daß sie auf die Abschreibung ihrer Geräte verzichten, auf die Gefahr hin, zu gegebener Zeit nicht in der Lage zu sein, ihr veraltetes Geräte durch modernes leistungsfähigeres Gerät zu ersetzen.

V. Geschäftsunkosten und Verdienst.

Nähere Ausführungen über den Kostenfaktor der Geschäftsunkosten erübrigen sich, da er für Kostengegenüberstellungen und Wirtschaftlichkeitsberechnungen von Arbeitsverfahren als belanglos aus den Kostengleichungen ausscheiden kann, womit natürlich nicht gesagt sein

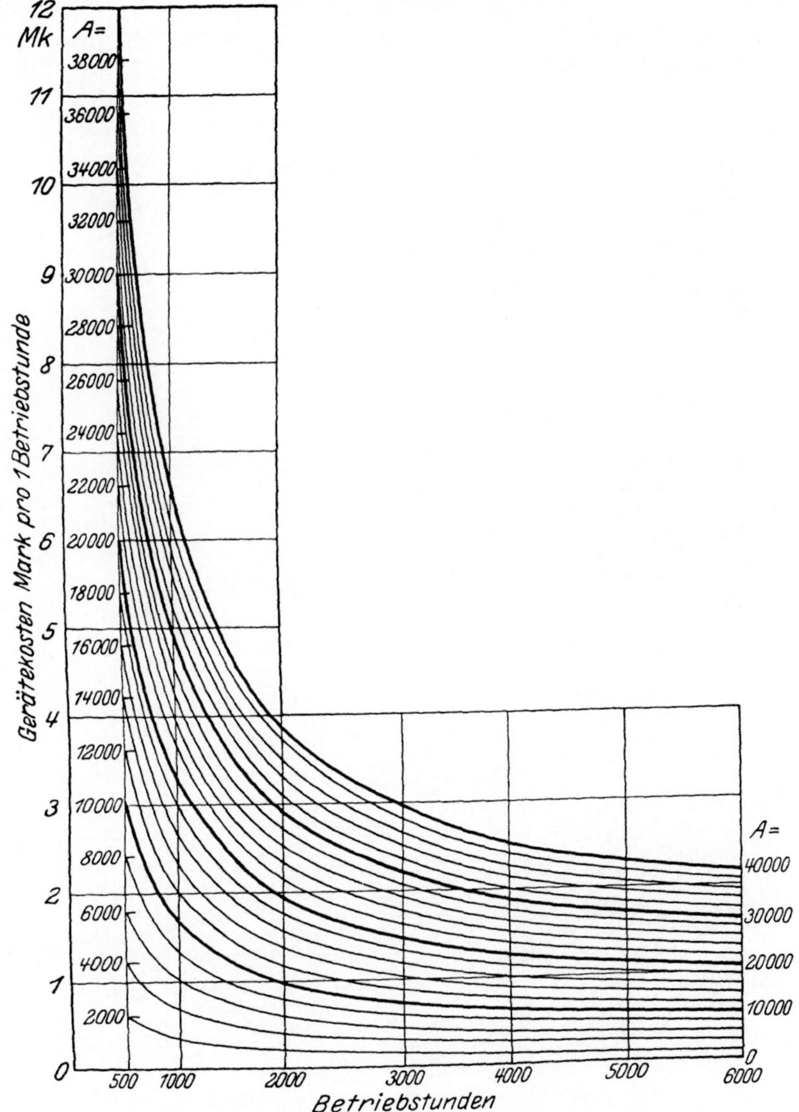

Abb. 4. Gerätekosten für den Abschreibungsgrundwert $a_0 = 15\%$.

soll, daß er bei Kostenberechnungen überhaupt belanglos sei. Die Geschäftsunkosten umfassen hauptsächlich die sozialen Lasten (Berufsgenossenschaft, Krankenkasse, Invalidenkasse), Steuern, Bureau- und Verwaltungskosten der Baustellen und der Zentrale. Sie werden ge-

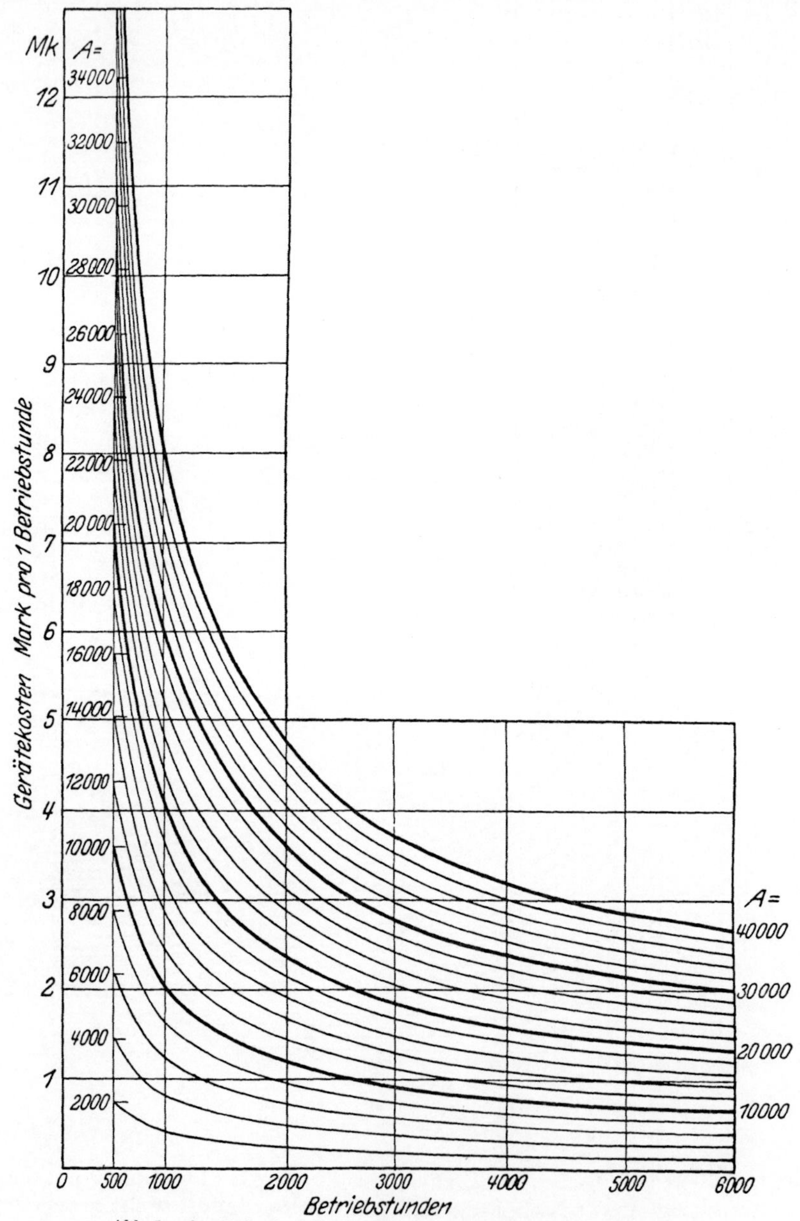

Abb. 5. Gerätekosten für den Abschreibungsgrundwert $a_0 = 20\%$.

wöhnlich in Prozenten der Löhne angegeben. Ihre Höhe ist außerdem ein Konjunkturfaktor und hängt auch von dem Grade der Beschäftigung ab. Aus den nachstehenden Wirtschaftlichkeitsberechnungen scheidet dieser Kostenfaktor aus, wenn auch zugegeben werden muß, daß ein

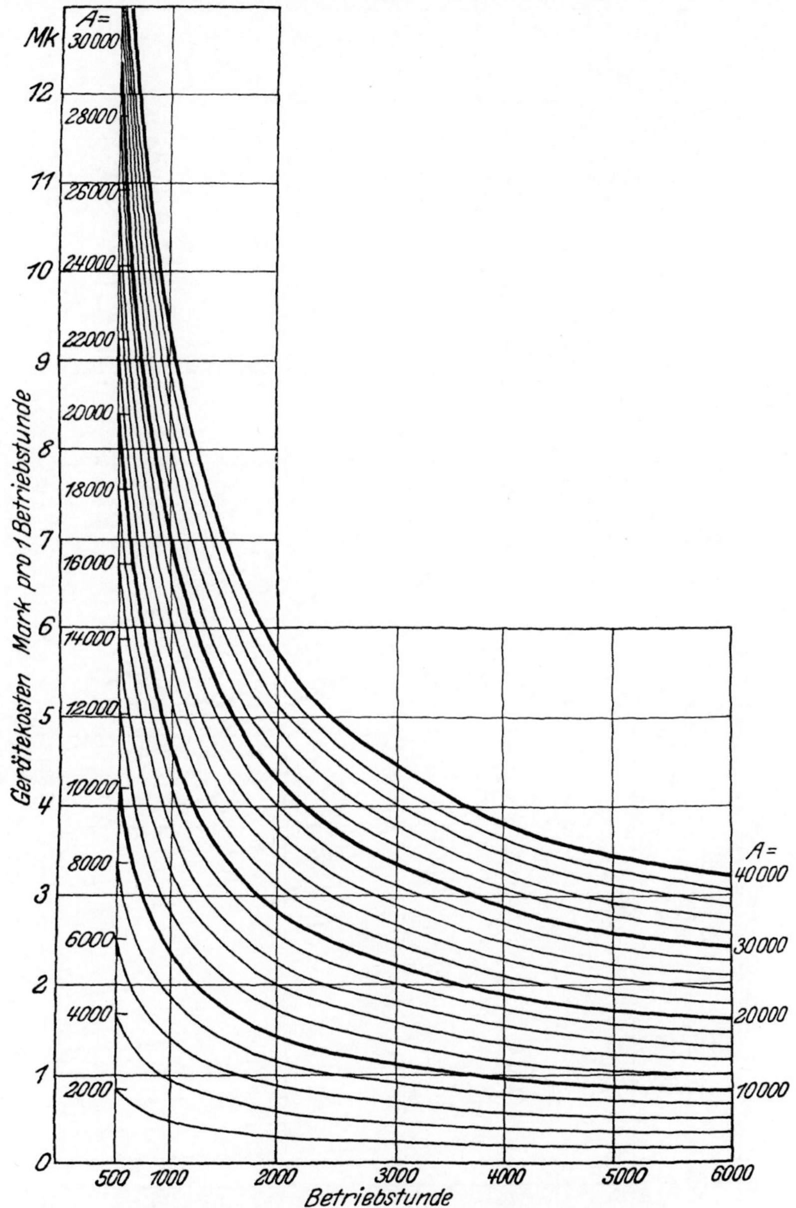

Abb. 6. Gerätekosten für den Abschreibungsgrundwert $a_0 = 25\%$.

gewisser Einfluß z. B. insofern vorliegt, daß durch die Verwendung von Maschinen bei fortgeschrittenem Arbeitsverfahren bei großen Unternehmungen eine sog. „Geräteverwaltung" erforderlich wird, welche die Unkosten der Zentrale erhöht.

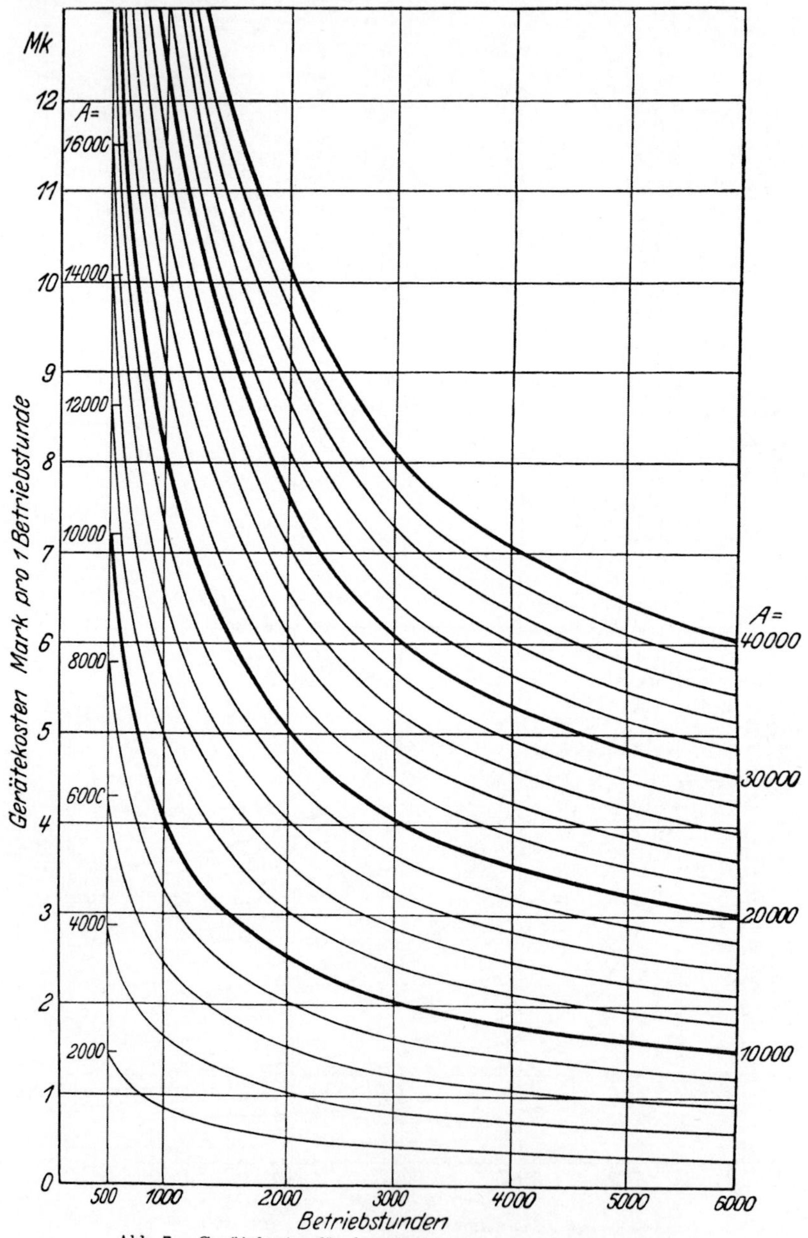

Abb. 7. Gerätekosten für den Abschreibungsgrundwert $a_0 = 50\%$.

B. Untersuchungen über die Wirtschaftlichkeit der fortgeschrittenen Arbeitsmethoden des Betonbaues unter besonderer Berücksichtigung des Gußbetonbaues.

I. Allgemeines über Betonmaschinen.

1. Entwicklung der Betonmaschine.

Die geschichtliche Entwicklung des Betonbaues hängt eng zusammen mit der Entwicklung der Methoden der Zementfabrikation und ihr praktischer Erfolg war zugleich bedingt durch eine entsprechende Entwicklung von für das Mischen der Massen zweckmäßigen und leistungsfähigen Maschinen. Die Erfindung des Betonbaus fiel gleichzeitig in eine Periode, die durch den gewaltigen Fortschritt der Maschinenbautechnik gekennzeichnet war und welche auch auf die Arbeitsmethoden des Betonbaus einen weittragenden Einfluß auszuüben vermochte.

Die Betonbereitung erfolgt heute nur noch bei kleineren Bauwerken durch Handmischung. Bei größeren Bauwerken ist für die Betonierung die Verwendung einer leistungsfähigen Betonmischmaschine unbedingt erforderlich und wird auch die Maschinenmischung von den Bauverwaltungen vorgeschrieben, wegen der besseren Durchmischung des Materials. Die Füllungen der Betonmischmaschinen sind heute bei den meisten Maschinenfabriken, welche sich mit deren Herstellung befassen, normalisiert und betragen 150, 250, 350, 500, 750, 1000, 1250 l Inhalt.

2. Auswahl der geeigneten Betonmaschine.

Es scheint fast überflüssig zu sein, die Frage zu erörtern, welches die zweckmäßigste Mischmaschine für eine Betonarbeit sei. Man kann auch in der Praxis Meinungen begegnen, die dahin gehen, daß man, um möglichst große Leistungen zu erzielen, eine möglichst große Betonmischmaschine verwenden müsse. Demgegenüber ist zu sagen, daß es — vorausgesetzt natürlich, daß genügend verschiedene Typen zur Verfügung stehen — gar nicht so einfach ist, für eine bestimmte Arbeit die zweckmäßigste Type zu wählen. Es gehört hierzu vor allem Erfahrung in der Beurteilung der Betonmassen, welche tatsächlich durchschnittlich an der bzw. an den Einbaustellen verarbeitet werden können. Diese Frage entscheidet nicht der Maschinen-Ingenieur, sondern allein der Bauingenieur. Eine teuere Maschine, deren Leistungen gar nicht ausgenützt werden können, ist natürlich teuer, ohne daß dies irgendwie auffällig in Erscheinung tritt. Denn der Betrieb läuft ja ganz gut, allerdings hat die Maschine die halbe Zeit unbenützt gestanden. Die Größe der zu wählenden Mischmaschine hängt daher in erster Linie von der Möglichkeit der Unterbringung der Massen an den Einbaustellen ab, ebenso wie die Baggerleistung eines Baggerbetriebes von den zur Verfügung stehenden Kippen, d. h. Einbaustellen für den Boden abhängig ist.

II. Gegenüberstellung von handgemischtem Beton einerseits, und Stampfbeton unter Verwendung von Mischmaschinen andererseits.

Wenn auch die Frage der Wirtschaftlichkeit des maschinell gemischten Betons aus der Praxis heraus bereits zugunsten der Maschinenarbeit entschieden ist, so interessiert vielleicht doch eine Untersuchung der dadurch in der Volkswirtschaft erzielten Ersparnisse, wie auch die Grenzen der Wirtschaftlichkeit und ihren Zusammenhang mit den verschiedenen Kostenfaktoren des näheren zu untersuchen und auf graphischem Wege eine Übersicht der Grenzbetonmenge in ihrer Abhängigkeit von den Löhnen darzustellen.

Um die Wirtschaftlichkeitsgrenzen festzustellen, ist nun keine vollständige Kostenaufstellung, sondern nur eine Kostengegenüberstellung erforderlich, welche diejenigen Preisfaktoren umfaßt, welche bei den beiden zum Vergleich stehenden Arbeitsmethoden voneinander abweichen. Es soll also davon Abstand genommen werden, z. B. die Kosten der Schalarbeit, welche bei beiden Arbeitsmethoden die gleichen sind, in die Rechnung einzuführen. Das Ziel der folgenden Untersuchungen ist vielmehr die Feststellung der durch die Maschinenarbeit erzielten Ersparnisse und der „Grenzbetonmenge“, bei welcher der Maschinenbetrieb dem Handbetrieb in den Kosten gleich kommt und bei deren Überschreitung Ersparnisse eintreten, welche um so größer werden, je größere Massen vorliegen.

Es sei bei der Kostengegenüberstellung des Betonbetriebs bei Handmischungen gegenüber dem Maschinenbetrieb Bezug genommen auf die Ausführungen des Teils A und die dort näher erläuterten Tabellen und Abbildungen für die „Gerätekosten“. Desgleichen wird auf die graphische Darstellung der Frachtenkosten (Abb. 2) Bezug genommen. Die Frachten sind dort angegeben in Mark pro eine Tonne als Ordinate bei Wahl der Entfernung des Lagerplatzes der Unternehmung von der Betonbaustelle E als Abszisse.

Wie in Teil A, I bereits ausgeführt, wird der mittlere Stundenlohn x in die Rechnung eingeführt. Die Gesamtbetonmenge, welche zur Verarbeitung kommt, wird mit Q bezeichnet. Die Betriebsstundenzahl b wird unter näherer Begründung angenommen. Es ergeben sich dann die folgenden Kostengegenüberstellungen:

1. Kosten des Betonierens von Hand.

Bei zweimaligem trockenen Vormischen und einmaliger Naßmischung ist mit folgender Belegschaft zu rechnen:

Mischen	6 Mann
Betonladen und Verfahren	2 „
Einbau	2 „
Aufsicht	1 „
insgesamt	11 Mann.

Bei einer durchschnittlichen stündlichen Leistung von 2 cbm fallen demnach an Lohnkosten an:

$$\frac{11}{2} \cdot x = 5{,}5\,x\,.$$

Wenn x der Stundenlohn bedeutet, und zwar der „mittlere Stundenlohn" wie er in Teil A näher erläutert wurde.

2. Kosten einer gleichartigen Arbeit mit einer 250-l-Betonmaschine.

Da ja bei Vergleich mit Handmischung nur eine kleine Maschinentype in Frage kommen kann, wurde die 250 l-Mischmaschine gewählt.

Zusammenstellung des Gerätes:

1 Betonmischmaschine. . . .	3,4 t Gewicht,	3250 M. Neuwert
1 Lokomobile 6 PS	2,4 t „	2400 „ „
	5,8 t rd. 6 t,	5650 M.

Bei der Kostenaufstellung ist von der Einteilung des Teils A, S. 2, Gebrauch gemacht.

a) Geräteunkosten.

Gerätekosten. Bei Annahme von 150 Betoniertagen im Jahr, d. h. 1500 Betriebsstunden, erhält man aus der zugehörigen Tabelle bzw. Abbildung Betonmaschinen mit $a_0 = 20\%$ für den obigen Neuwert pro 1 Betriebsstunde 0,905 M., d. h. bei einer mittleren Stundenleistung von 3,5 cbm $g = \frac{0{,}905}{3{,}5} = 0{,}26$ M. pro cbm.

Zusammenbau. Abbau, sowie An- und Rücktransport der Geräte vom Lagerplatz zur Baustelle. Es wird auf dem Lagerplatz der Unternehmung Gleisansschluß angenommen, so daß die Geräte dort auf Waggons verladen werden können. Dieselben müssen am Bestimmungsort wieder abgeladen und zur Baustelle angefahren werden. Diese Kosten können für mittlere Verhältnisse hinreichend genau gleich 8 Lohnstunden gesetzt werden. Damit ergibt sich:

An- und Rückfuhr der Geräte 6 t à 8,0 x =	48 x
Zusammenbau der Geräte	150 x
Für Wiederabbruch der Geräte	100 x
	298 x.

Hin- und Rückfracht für das Geräte. 6 t Geräte nach Klasse E kosten bei Annahme einer Entfernung von 50 km einfach 3,10 M. pro Tonne, somit Hin- und Rückfracht 6 t à 6,20 M. = 37,20 M.

b) Arbeitsverbrauch.

Lohnkosten. Es wird mit folgender Belegschaft gerechnet:

Aufsicht	1 Mann.
Einwerfen des Materials in den Aufzugskübel und Beigeben von Zement	3 „
Betonmaschine bedienen	1 „
Antriebsmaschine bedienen	1 „
Abfahren des Betons, 2—4 Mann, i. M. . .	3 „
Einbau des Betons	3 „
durchschnittlich	12 Mann

Die Leistung der Betonmaschine kann zu 20 Mischungen pro Stunde angenommen werden, d. h. es werden $20 \cdot 0,25 = 5,0$ cbm lose Masse gemischt, was 3,5 cbm fertigem Beton entspricht. Man erhält dann einen Lohnstundenverbrauch pro cbm von $\frac{12\,x}{3,5} = 3,43\,x$, wenn x der mittlere Stundenlohn bedeutet. In diesem Satz ist natürlich Gleislegen und Gleisumbauen, welches in beiden Fällen ja dieselben Kosten verursacht, nicht mit einbegriffen.

Betriebsstoffe. Kohlenverbrauch der Lokomobile pro 1 cbm:

10 kg Kohle à 2,5 Pfg.	= 0,25 M.
Öle und sonstige Schmiermittel.	= 0,03 „
	0,28 M.

3. Kostengegenüberstellung und Ersparnisse durch Maschinenarbeit.

Nimmt man nun die Löhne als variabel und die Materialpreise als fest an, bezeichnet die Kosten für Handbetrieb K_1, für Maschinenbetrieb K_2, so erhält man:

$$K_1 = 5,5\,x,$$

$$K_2 = 0,26 + \frac{298\,x + 37,2}{Q} + 3,43\,x + 0,28.$$

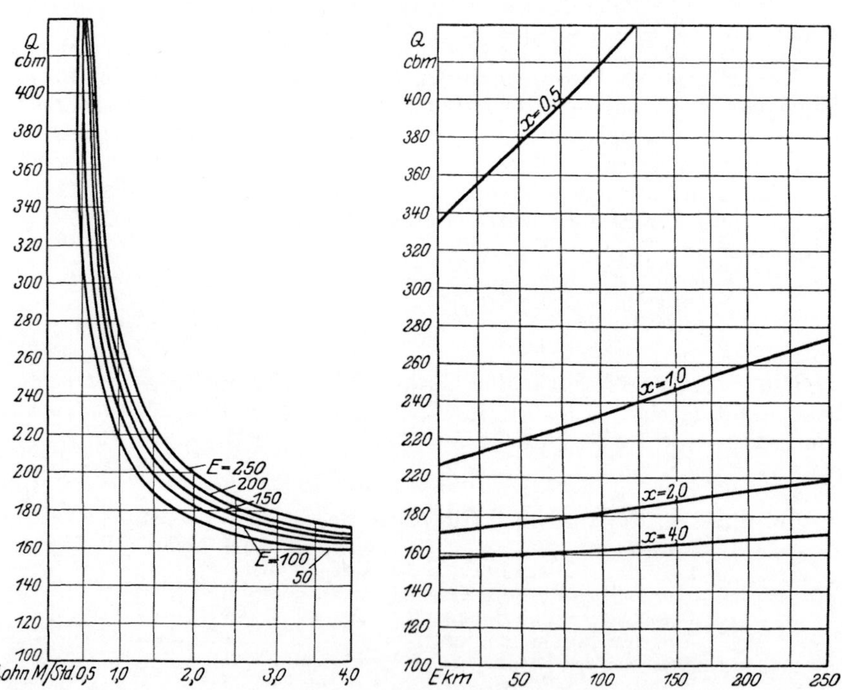

Abb. 8. Grenzbetonmengen für Stampfbeton mit 250-l-Mischmaschine gegenüber Handmischung.

Wenn man $K_1 = K_2$ setzt, erhält man eine Beziehung zwischen x und Q für die Grenzbetonmenge, d. h. bei veränderlichem x die Betonmenge, bei der es noch eben wirtschaftlich ist, von Hand zu betonieren, sofern nicht andere Gründe dagegen sprechen. Es ergibt sich:

$$5{,}5\,x = 3{,}43\,x + \frac{298\,x + 37{,}2}{Q} + 0{,}54$$

oder

$$Q = \frac{298\,x + 37{,}2}{2{,}07\,x - 0{,}54} \tag{1}$$

In der zeichnerischen Anlage (Abb. 8) ist diese Beziehung zwischen x und Q graphisch dargestellt. Die Kurven zeigen die Grenzbetonmengen bis zu einer Lohnhöhe von 4,— M. Die Grenzbetonmengen-Kurven sind Hyperbeln, welche asymptotisch zur x- und Q-Achse verlaufen.

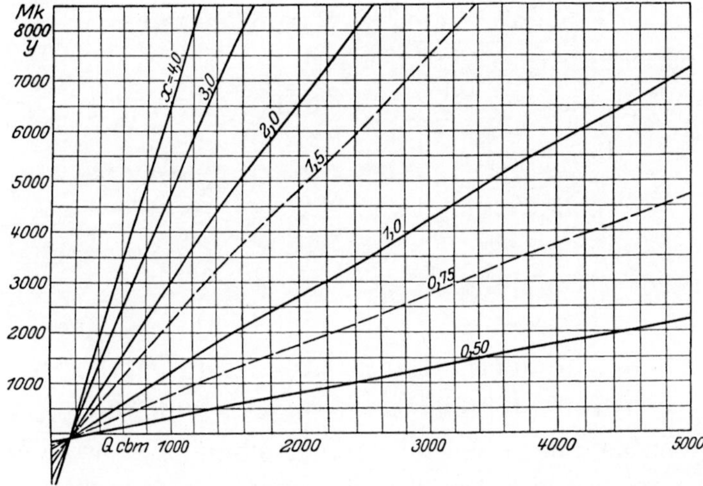

Abb. 9. Ersparnis y für Stampfbeton mit 250-l-Mischmaschine gegenüber Handmischung.

Um den Einfluß der Entfernung der Baustelle vom Lagerplatz des Unternehmens auf die Grenzbetonmenge festzustellen, wurde die Beziehung der Grenzbetonmenge Q zum Entfernungszuwachs E für die Stundenlöhne $x = 0{,}5$, $x = 1{,}0$, $x = 2$ und $x = 4$ festgestellt. Für $x = 1$ lautet dann z. B. diese Gleichung zwischen E und Q:

$$\underline{2{,}07 \cdot Q = 298 + 0{,}54 \cdot Q + 0{,}42 \cdot E + 37{,}2;} \tag{1a}$$

oder für $x = 1$ $Q = 219 + 0{,}274\,E$. Die Gleichung stellt eine gerade Linie dar. Die Schaulinien sind in Abb. 8 eingetragen und die Grenzbetonmengen-Kurven auch für Entfernungen $E = 100$, 150, 200, 250 km aufgetragen. Man ersieht aus dem Verlauf der Kurven, daß von mittleren Stundenlöhnen über 1,50 M. an sich die Grenzbetonmenge einem bestimmten Wert nähert. Des weiteren ersieht man, daß die Entfernung der Baustelle von um so geringerem Einfluß auf die

Höhe der Grenzbetonmenge ist, je höher die Löhne sind, während bei niederen Löhnen die Grenzbetonmenge rasch mit der Entfernung wächst.

Es bleibt noch übrig, die der Volkswirtschaft durch die Verwendung von Betonmaschinen bei Stampfbetonarbeiten erzielten Ersparnisse in Abhängigkeit von der Betonmenge Q zur Darstellung zu bringen. Bezeichnet man die Ersparnis für eine Betonmasse Q mit y, so ist

$$y = (K_1 - K_2) \cdot Q.$$

Setzt man die Werte von K_1 und K_2 aus den früheren Gleichungen ein, so erhält man für bestimmte Werte von x eine Gleichung ersten Grades zwischen y und Q, d. h. wie aus Abb. 9 ersichtlich, eine Geradenschar.

Die allgemeine Gleichung:

$$\underline{y = 2{,}07\, x \cdot Q - 0{,}54 \cdot Q - 298\, x - 37{,}2} \qquad (2)$$

lautet für die folgenden Werte von x:

$$\begin{aligned}
x &= 0{,}25 & y &= -\,0{,}023\, Q - 101{,}7\\
x &= 0{,}50 & y &= +\,0{,}495\, Q - 186{,}2\\
x &= 1{,}00 & y &= +\,1{,}53\, Q - 335{,}2\\
x &= 2{,}00 & y &= +\,3{,}60\, Q - 633{,}2\\
x &= 3{,}00 & y &= +\,5{,}67\, Q - 931{,}2\\
x &= 4{,}00 & y &= +\,7{,}74\, Q - 1229{,}2\,.
\end{aligned}$$

III. Gegenüberstellung von Stampfbeton mit Betonmischmaschine und Gußbeton.

1. Allgemeine und geschichtliche Bemerkungen über Gußbeton.

Wenn auch schon früher bei schwachen Konstruktionsgliedern des Eisenbetonbaues der Beton in fast flüssigem Zustande eingebracht bzw. eingegossen wurde, so gebührt doch das Verdienst, den Gußbeton als neuere Betonbauweise im großen Maßstab eingeführt zu haben, zweifellos den Vereinigten Staaten, wo schon jahrelang Gußbetonarbeiten ausgeführt wurden, während man noch in Deutschland der neuen Bauweise sehr mißtrauisch gegenüberstand. Auch heute noch finden sich Stimmen, welche gegen Verwendung von Gußbeton sprechen, und zwar wegen der durch die Möglichkeit eines zu reichlichen Wasserzusatzes bedingten Folgen. Diese Einwände sind allerdings vereinzelt, wie auch die noch vor Jahren übliche Auffassung, daß der Gußbeton erst für sehr große Massen in Frage komme.

Die Tatsache, daß ein Verfahren mehr Sorgfalt in der Ausführung verlangt, ist noch kein Beweis gegen die Güte des Verfahrens, ebensowenig wie die Tatsache, daß noch nicht alle theoretischen Fragen, wie die zweckmäßigste Kornzusammensetzung des verwendeten Materials, Einfluß des Zement- und Wasserzusatzes und andere Fragen vollkommen geklärt sind. Jedenfalls sind alle für die Ausführung wichtigen Fragen ziemlich einwandfrei geklärt. Durch die Arbeiten von Graf über den Aufbau des Mörtels im Beton, dann durch die Versuche und Beobachtungen an den Schweizer Talsperrenbauten und anderer großer Gußbetonbauten, dann vor allem durch die Forschungen von Prof. Abrams (Einführung des Zement-Wasserfaktors) und Talbot in Amerika, sind so ziemlich alle Faktoren bekannt, von denen die Güte von Gußbetonbauten abhängt. Es seien nur einige charakteristische Eigenschaften des Gußbetons, soweit sie durch die bisherigen praktischen Erfahrungen und Forschungen einwandfrei feststehen, genannt.

Hinsichtlich der Gleichmäßigkeit und Wasserdichtigkeit ist der Gußbeton dem Stampfbeton zweifellos überlegen, wenn auch die Würfelfestigkeit von Stampfbeton gleicher Kornzusammensetzungen und Zementdosierungen eine wesentlich höhere ist, womit über die Festigkeit im Bauwerk und dem Zusammenhang der einzelnen Betonierabschnitte noch gar nichts gesagt ist.

Die folgenden Berechnungen wollen lediglich die Frage der Wirtschaftlichkeit dieser neuen Betonbauweise gegenüber dem Stampfbetonverfahren und auch gegenüber dem Verfahren der Einbringung von plastischem Beton mit Kabelkrananlagen in etwa klären. Solche Wirtschaftlichkeitsberechnungen werden auch bei dem Bestreben, möglichst alle Umstände zu berücksichtigen, doch den verschiedensten Verhältnissen, wie sie in der Praxis vorkommen, nicht Rechnung tragen können, vielmehr werden diese Untersuchungen sich auf die wichtigsten im Hoch- und Tiefbau vorkommenden Fälle beschränken. Ihr Zweck ist, wie auch bei den Ausführungen des Abschnitts A an Hand von Kostengegenüberstellungen die Wirtschaftlichkeitsgrenze zu finden, um damit hauptsächlich die Frage zu klären, von welchen Betonmengen ab ist die Gußbetonbauweise wirtschaftlich bzw. ist sie überhaupt wirtschaftlich oder nur bedingt wirtschaftlich.

Die Klärung dieser Frage macht eine kurze Vorbemerkung erforderlich über die Entwicklung der maschinellen Anlagen zur Herstellung von Gußbeton, also vor allem der Gießtürme, sowie Bemerkungen allgemeiner Art über die Wahl der zweckmäßigsten maschinellen Anlage für bestimmte Bauobjekte.

Dem auch sonst bemerkenswerten Aufsatz von Oberbaurat Dr. Schmidt, Münster, über „Gußbeton in Deutschland und Nordamerika" im Zentralblatt der Bauverwaltung vom 20. XII. 1924, ist folgender Satz entnommen: „Am meisten steht der schnelleren und allgemeineren Einführung des Gußbetons in Deutschland die Tatsache entgegen, daß die Baumaschinen-Industrie sich noch zu wenig mit den Einrichtungen für Gußbeton befaßt hat. Der Unternehmer ist bei uns heute noch gezwungen, fast die ganze Anlage selbst zu entwerfen und zu konstruieren." Die Entwicklung hat nun hier einen so raschen Gang genommen, daß bereits heute, Frühjahr 1926, dieser Satz nicht mehr zutrifft, da nicht nur eine oder zwei, sondern eine ganze Reihe von Maschinenfabriken sich mit der Herstellung von Gußbetonanlagen befassen. In dem Anhang sind die wichtigsten Maschinenfabriken, von welchen der Verfasser Kataloge und sonstige Unterlagen bereitwilligst zur Verfügung gestellt bekam, namhaft gemacht. Wenn auch der Verfasser weit davon entfernt ist, die verschiedenen bereits in der Praxis verwandten Systeme einer Kritik zu unterziehen, oder eine Firma als besonders leistungsfähig gegenüber anderen zu kennzeichnen, so ist doch im Interesse der deutschen Wirtschaft zu bedauern, was auch sonst wie ein roter Faden durch unsere deutsche Maschinenindustrie durchgeht, daß sich bereits zu viele Firmen „nebenher" diesem Spezialgebiet zuwenden möchten, z. T. mit völlig unzureichenden Erfahrungen und ohne geeignete Konstrukteure für ein Gebiet, das so überaus sorgfältig behandelt sein will, wo es vor allem auch darauf ankommt, daß sich der Maschineningenieur die Mühe nimmt und sein Werk auf der Baustelle selbst immer wieder studiert, um sich über notwendige Verbesserungen klar zu werden und auch Verständnis dafür zu bekommen, worauf es dem Bauingenieur ankommt. Sein Interesse darf sich nicht darauf beschränken, eine möglichst große Anlage verkaufen zu wollen.

Die ersten in Deutschland ausgeführten Gußbetonanlagen (Kraftwerk Töging am Inn, Kraftwerke an der mittleren Isar, Schleuse Geestemünde usw.) wurden von den Unternehmern selbst hergestellt unter Benützung von Holztürmen, in welche oben die Betonmaschine eingebaut wurde, da entsprechend Beobachtungen der Entmischung bei wagerechtem Transport, nach heutigen Erfahrungen ganz zu Unrecht auf Entmischung bei Transport in senkrechter Richtung im Gießturm geschlossen wurde. Diese Gießtürme wurden daher bei leistungsfähigen und damit schweren Betonmaschinen durch die Verlegung des Schwerpunktes nach oben außerordentlich schwer und die Anlagekosten sehr hoch. Dem Verfasser ist bekannt geworden, daß beispielsweise für die Einrichtung zweier Anlagen an einem Krafthausbau folgende reinen Lohnkosten anfielen:

Anlage 1: Aufstellen eines Turmes für 300 l Betonmischmaschine, 30 m hoch, einschl. Abmontieren und Abbrechen des Turms . . . . . 2030 Lohnstunden
Montage der Betonmaschine im Turm . . . . 400 „
insgesamt 2430 Lohnstunden.

Anlage 2: Betongießturm ca. 40 m hoch mit 1000 l Maschine und Vorrichtung zum Fahrbarmachen des Turms:
Montage und Demontage des Turms . . . . 3700 Lohnstunden
Montage und Demontage der Betonmaschine . . . . 1500 „
insgesamt 5200 Lohnstunden.

November 1924 schrieb noch Obering. Sturm in seiner Veröffentlichung in der Deutschen Bauzeitung über Einrichtung von Gußbetonbaustellen: „Es ist zu bemerken, daß das Verfahren sich infolge der hohen Kosten der Einrichtung natürlich nur dann rationell auswerten läßt, wenn es sich um große Ausführungen handelt, bei denen entweder der Bau sehr in die Höhe strebt, oder was meist noch günstiger ist, sich in die Breite entwickelt. Bei kleineren Bauten sind die Kosten der Einrichtung zu hoch und es empfiehlt sich bei solchen die Anwendung der bis jetzt angewandten Verfahren." Durch die in obigen Zahlen angegebenen Erfahrungen wurde natürlich die noch damals allgemein übliche

Ansicht, daß Gußbeton nur bei sehr großen Betonmengen in Frage komme, „bestätigt". Auch noch bei den großen Arbeiten beim Bau der Schleuse des Fischereihafens Geestemünde, wurden Gießtürme verwendet, wo die Betonmaschinen oben in Holztürmen, allerdings in zwei Etagen, eingebaut waren.

Heute hat man auch in Deutschland keine Bedenken mehr, die ameri kanische Anordnung der Trennung von Betonmaschine und Gießturm zu verwenden, wodurch die Anlagekosten wesentlich niedriger gehalten werden können, wie auch die Betriebskosten bedeutend geringer werden, da man mit der Höhenlage des Rinnensystems nicht mehr an die Betonmaschine gebunden ist. Die Normung der einzelnen Maschinenteile hat bereits auch bei der deutschen Maschinenindustrie eingesetzt. Es werden auch kleinere Typen als „Gießmaste" in den Handel gebracht, welche besonders im Hochbau Verwendung finden. Damit ist die Möglichkeit geboten, schon bei verhältnismäßig kleinen Massen wirtschaftliche Vorteile zu erzielen, über deren Höhe die späteren Untersuchungen Auskunft geben.

2. Auswahl der Anlagen.

Die Auswahl der Anlage kommt dem Bauingenieur und nicht dem Maschineningenieur zu, welch letzterer allerdings zu Rate zu ziehen ist. Die Größe der zu wählenden Anlage hängt in allererster Linie davon ab, welche Massen insgesamt einzubauen sind, wie die Verteilung der Massen nach Höhe und Breite ist, und dann das Wichtigste von allem, welche Massen tatsächlich durchschnittlich pro Tag eingebaut, d. h. beim Gießen abgenommen werden können. Nicht die Leistung der maschinellen Anlage ist maßgebend für die beim Bau zu erwartenden Leistungen, sondern die beim Bauwerk mögliche Leistung, welche mit Rücksicht auf die zulässige Gußhöhe und andere Umstände eingebaut werden kann. Es empfiehlt sich, wie in Abb. 10 in der Skizze des Schleusenquerschnitts angedeutet, für das vorliegende Bauwerk die täglich möglichen Gußleistungen in den Querschnitt des Bauwerks einzutragen, damit Klarheit darüber herrscht, welche durchschnittlichen Leistungen überhaupt möglich sind. Und darnach allein richtet sich die Größe der Anlage. Es ist unter allen Umständen unwirtschaftlich, eine Anlage zu verwenden, welche das doppelte der möglichen Leistung zu leisten imstande ist.

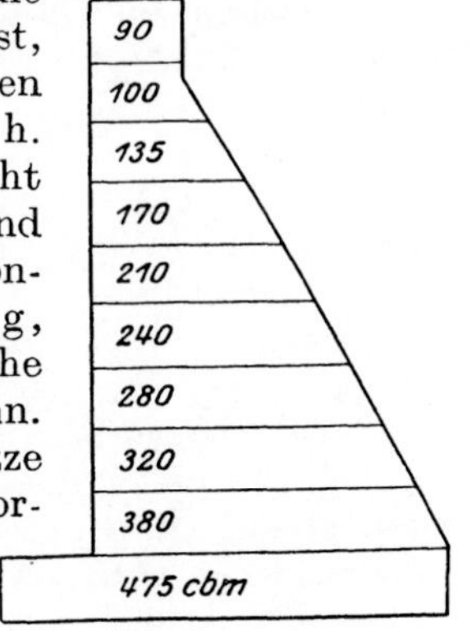

Abb. 10. Tägliche Gußleistungen bei einer Schleusenmauer.

Weiter ist dann die Frage zu prüfen, an wieviel Tagen im Jahre die Gußbetonanlage im Betriebe ist. Hier scheiden sich die Gußbetonanlagen dann in zwei Typen, die als

Gußbeton-Tiefbau und Gußbeton-Hochbau

bezeichnet werden und auch in die Wirtschaftlichkeitsberechnungen eingeführt werden sollen. Diesen beiden Gruppen sind trotz Verschiedenheit einzelner Bauwerke charakteristische Züge eigen:

a) Im „Gußbeton-Tiefbau“

liegen Bauten von großen Maßen vor, sowohl nach der Breiten- als auch nach der Höhenausdehnung. Unter diese Gruppe fallen z. B. Talsperrenbauten, Schleusenbauten usw. Es kann bei diesen Bauten fast ständig gegossen werden. Wesentlich ist, daß nach Fertigstellung eines Gußblockes bereits die Schalarbeiten für einen anderen Gußblock soweit fortgeschritten sind — hierfür leisten Derrick-Krane, Kabelkrane oder Turmdrehkrane zum Versetzen der Schalung gute Dienste —, daß nach kurzer Umstellung der Rinnen weiter gegossen werden kann. Das Gießen geschieht also hier nahezu fortlaufend in Tag- und Nachtschichten.

Die möglichen Leistungen, deren richtige Einschätzung von hervorragender Bedeutung für die Einrichtung der Gußbetonanlage bereits erwähnt wurde, sind vor allem auch festzulegen unter Berücksichtigung des Umstandes, daß nach den bisherigen Erfahrungen infolge des Druckes der Gußmassen auf die Schalungen keine höheren täglichen Gußabschnitte als 1,5 m gewählt werden dürfen. Diese Höhe darf auch nicht überschritten werden, mit Rücksicht darauf, daß der Abbindewärme, welche nach den neuesten Feststellungen ganz erhebliche Temperaturen aufweist, Gelegenheit zum Austreten gegeben wird. Damit sind eigentlich die Tagesleistungen für das Gießen bei einem bestimmten Bauwerk nahezu festgelegt und es ist dann zweckmäßig, eine Anlage zu wählen, welche diesen Tagesleistungen entspricht, sie nicht wesentlich unter- oder überschreitet.

b) Im „Gußbeton-Hochbau“

liegen die Dinge wieder wesentlich anders und werden die folgenden Erwägungen zeigen, daß für die ausführende Unternehmung kleinere Anlagen, ja unter Umständen Anlagen, welche die mögliche Leistung unterschreiten, hier am zweckmäßigsten sind. Denn die Gußbetonanlage ist im Hochbau nur einen kleinen Teil der Bauzeit in Benutzung, da nach Betonierung eines Stockwerks immer erst abgewartet werden muß, bis die Maurer- und Schalarbeiten für das folgende Stockwerk soweit gediehen sind, daß wieder gegossen werden kann. Dieser Umstand ist vor allem auch bei der Abschreibung der Anlage gegenüber dem Tiefbaugußbeton zu berücksichtigen durch entsprechende Wahl der Gerätekosten bei der Kostengegenüberstellung. Bei den verhältnismäßig geringen Massen des Hochbaues fallen dann die Montagekosten der Anlage sehr ins Gewicht und es ist unter Umständen wirtschaftlicher, eine noch kleinere Anlage — statt eines Gießturms z. B. nur einen Gießmast — zu wählen, als die mögliche Betonleistung wünschenswert erscheinen läßt. Es ist bei der Bestimmung der möglichen Leistung, welche auch hier bei Wahl der Anlage eine hervorragende Rolle spielt, besonders zu beachten, daß die Betonierleistungen bei den Breitenausdehnungen der Eisenbetondecken und der verhältnismäßig geringen Massen in den Säulen eines Hochbaues und die mit diesen Umständen verknüpfte Umstellung der Anlage während des Betonierens beschränkt sind. Nach den Erfahrungen des Verfassers dürfte man bei Hochbauten bei Verwendung einer Anlage mit 500-l-Aufzugskübel durchschnittlich kaum mehr als 20 Mischungen pro Stunde, d. h. 7 cbm feste Masse rechnen können, was bei einer durchschnittlichen Deckenstärke von 10—20 cm einer Fläche von 45—35 qm entspricht.

Es ist dann, wie bereits erwähnt, je nach dem Umfang der Arbeit die Frage zu lösen, ob es notwendig ist, eine so große Anlage zu wählen, welche die Leistungen aufweist, welche beim Betonieren verarbeitet werden können. Vielmehr wird es in den meisten Fällen zweckmäßig sein, im Hochbau mit Rücksicht auf die Ersparnisse bei der Montage und in der Abschreibung der Anlage mit kleinen Gießmasten zu arbeiten. Die Frage, ob mit Rücksicht auf die Ausdehnung des Bauwerks und dem damit erforderlichen Aktionsradius ein Gießturm mit der entsprechenden Höhe, oder mehrere niedere Gießmasten gewählt werden sollen, wird im Hochbau vielfach zugunsten letzterer Anlagen entschieden werden müssen. Darauf weist auch die amerikanische Praxis hin, wenn auch die amerikanischen Verhältnisse sonst nicht immer auf deutsche Verhältnisse übertragbar sind, zumal dort beinahe zu gleichen Maschinenpreisen — Vorteil der Serienfabrikation — die Löhne etwa das vierfache der deutschen Löhne betragen.

3. Die Schalung beim Gußbeton.

Mit Rücksicht auf den Druck der Gußmassen auf die Schalungen ist der Ausbildung der Schalung des Gußbetons besondere Aufmerksamkeit zuzuwenden. Ob gespundete oder einfache Schalung zu verwenden sei, ist noch eine Streitfrage, die noch nicht entschieden ist. Für die gewöhnliche Schalung kann als günstig angeführt werden, daß das zum Abbinden nicht erforderliche überschüssige Wasser hier Gelegenheit zum Austritt in den Schalungsfugen hat. Die Stärke der Schalung, welche zweckmäßig in Tafeln von ca. 3,0/5,0 m gehobelt und geölt zur Verwendung gelangt, richtet sich nach dem Druck auf die Schalungen, welcher von amerikanischer Seite auf das 1,3fache des Wasserdrucks, auf deutscher Seite auf das 0,75fache des Wasserdrucks angegeben wird. Noack hat in seiner Veröffentlichung in der Schweizerischen Bauzeitung vom 1. September 1923 die folgende Formel zur Berechnung des Schalungsdruckes angegeben.

$$p = \frac{\gamma}{f \cdot c}\left(1 - e^{-k \cdot c \cdot h}\right).$$

Worin bedeuten:

p = Seitendruck des unabgebundenen Betons in t/qm,
γ = Gewicht des frischen Betons in t/cbm,
$f = \operatorname{tg} \varphi$ = Reibungszahl zwischen Beton und Schalung (Stampfbeton 0,85, plastischer Beton 0,70, Gußbeton 0,64),
k = konstante (0,401 bzw. 0,380 bzw. 0,375 für die drei Betonkonsistenzen),
e = 2,718 Basis der natürlichen Logarithmen.

$c = \frac{U}{T}$ Verhältnis des Umfanges zur Grundrißfläche der Schalungszelle,

h = Druckhöhe der noch nicht abgebundenen, also noch Druck auf die Schalung hervorbringenden Betonschicht. Die Höhe richtet sich nach der Abbindezeit und Füllgeschwindigkeit. Ist z. B. die Abbindezeit 15 Std. und die Füllgeschwindigkeit $v = 0{,}2$ m/Std., so ist $h = 15 \cdot 0{,}2 = 3{,}0$ m. Ferner ist:

$v = \frac{L}{F}$, wobei L die Leistung in cbm pro Stunde und F den Querschnitt in qm bedeutet. Der größte Teil des Schalungsdrucks wird dann zweckmäßig durch eiserne Anker aufgenommen, welche die Schalungen gegenseitig verspannen. Bei Festigkeitsberechnungen der Schalung und des Gerüstes sollte man bei Holz nicht über $\sigma_{zul} = 100$ kg/qcm hinausgehen, welcher Sicherheitsgrad auch mit Rücksicht auf das mehrfache Umstellen der Hölzer notwendig ist.

Bei Auswahl der Anlage ist weiter der Grundsatz zu beachten, daß es zweckmäßig ist, schon mit Rücksicht auf Störungen in einer Anlage, zwei kleinere Anlagen zu wählen, als eine größere, deren Leistungen nie ausgenutzt sind. Es muß immer wieder betont werden, was die Maschinenfabriken meist vergessen, daß es auf die möglichen Leistungen beim Bauwerk und nicht die möglichen Leistungen der maschinellen Anlage ankommt. Als interessantes Beispiel dieser Art kann ein von Prof. Probst in seinem Aufsatz „Beton und Eisenbeton in den Vereinigten Staaten", im Bauingenieur 1926, erwähntes Beispiel gelten. Die Little Creck-Talsperre in Californien ist in aufgelöster Bauweise in Eisenbeton erbaut. Es konnten dort durchschnittlich nur 70 cbm täglich in 9 Stunden und als Höchstleistung 220 cbm geleistet werden, weil es einfach nicht möglich war, größere Mengen zu verarbeiten. Es wäre hier also, trotz der Größe des Objektes, vom wirtschaftlichen Standpunkt aus ein Unsinn, mit 750- oder 1000-l-Aufzügen zu arbeiten.

4. Fahrbare Anlagen.

Bei langgestreckten Tiefbauobjekten, wie Schleusen und Ufermauern, wurden schon mehrfach fahrbare Gußbetontürme verwendet. Eine solche Anlage wurde beispielsweise als 1000-l-Anlage für die Schleusen Flaesheim und Datteln am Lippe-Seitenkanal von der „Ibag" geliefert. Diese Anlagen, welche sehr schwer gebaut sind und deren Turm statt der Verseilung von zwei Stützen gehalten wird, werden mittels Winden auf Gleis von Gußblock zu Gußblock verschoben, wodurch an Turmhöhe und Rinnenlänge gespart werden soll. Da eine Entseilung des normalen Gießturms und Beförderung auf Schienen ein Knicken des Turmes zur Folge hätte, müssen die fahrbaren Anlagen sehr schwer gebaut werden, wodurch sie auch wesentlich teurer werden als ortsfeste Gießtürme. Als Nachteil der ortsfesten Türme bei langgestreckten Tiefbauten werden genannt große Turmhöhen, lange Rinnensysteme und Behinderung der Baugrube durch die Verseilung.

Über die Wirtschaftlichkeit und Zweckmäßigkeit fahrbarer Anlagen sowie deren Ausbildung, müßte von Fall zu Fall entschieden werden.

Das Bedürfnis zweckmäßiger fahrbarer Anlagen macht sich besonders geltend, wenn die Massen auf die Längeneinheit verhältnismäßig klein sind, wie dies bei Hafenmauern und ähnlichen Anlagen der Fall ist. Für diesen Zweck wurden in Amerika „Schwimmende fahrbare Gußbetonanlagen" verwendet, während sonst in der amerikanischen Literatur, soweit dem Verfasser bekannt, wenig von der Verwendung fahrbarer Gußbetonanlagen in den Vereinigten Staaten zu lesen ist. Es wäre verfrüht, im ersten Stadium der Entwicklung ein Urteil über die Wirtschaftlichkeit solcher Anlagen zu fällen.

Abb. 11. Gießmastanlage 350 l (Ibag, Neustadt).

5. Beschreibung der verschiedenen Typen von Gußbeton-Anlagen.

Den Wirtschaftlichkeitsberechnungen soll eine kurze Beschreibung der zur Zeit hauptsächlich gebauten Typen von Gußbetonanlagen vorausgehen, sowie Bemerkungen über die Gesichtspunkte, welche für die Auswahl des Gießturms maßgebend sind.

Je nach der Möglichkeit, den Gießturm auf Gleisen zu verfahren, kann man unterscheiden:

1. ortsfeste oder stationäre Anlagen,
2. fahrbare Anlagen.

Die letzteren sollen nicht näher behandelt werden, sondern nur ortsfeste Anlagen zur Beschreibung und zum Vergleich gelangen.

Nach dem Fassungsvermögen der Aufzugskübel kann man folgende vier Typen unterscheiden; von welchen für alle normalerweise vorkommenden Arbeiten eine Type zweckmäßig sein wird:

a) 250/300-l-, b) 500-l-, c) 750-l-, d) 1000-l-Anlage.

Je nach der Lage des Aufzugskastens am Gießturm kann man unterscheiden:

Gießmaste mit außerhalb des Turmes laufendem Aufzugskasten,
Gießtürme mit im Inneren des Turms laufendem Aufzugskasten.

a) Gießmaste mit außerhalb des Turms laufenden Aufzugskasten.

250/350-l-Anlage.

Als Beispiel einer solchen Anlage sei die in Abb. 11 gezeigte Gießmastanlage der Ibag, Neustadt, beschrieben. Dieser Gießmast hat außen laufenden Aufzugskübel, während bei den Anlagen b) bis d) der Aufzugskasten im Inneren des Turmes läuft. Die Anlage besteht aus dem Turmgerüst, dem um das ganze Gerüst herumgreifenden Schlitten mit Vorsilo und Einfülltrichter, dem Aufzugskasten und dem Rinnensystem. Letzteres besteht meist aus zwei durch ein kugelgelagertes Kniegelenk verbundenen Rinnen, deren größere auch durch einen sog. „Flieger" getragen bzw. ausbalanciert werden kann. Man kann bis zu 13 m ohne jede Unterstützung der Rinnen betonieren. Ist eine Verlängerung der Rinnen erwünscht, so kann man dem Auslaufende leichte Rinnenstücke anhängen, welche man unterstützt. Das ganze Rinnensystem wird durch einen Flaschenzug am Schlitten verhängt. Das geringe Eigengewicht (ca. 7000 kg) und die Zerlegbarkeit der Anlage ermöglicht auch den An- und Abtransport mit Lastauto, was auf kleine Entfernung wesentlich billiger kommt als Bahntransport.

Eine Gießmastanlage der Allied. Machinery Co., Zürich, zeigt Abb. 13.

Bestimmung von Turmhöhe und Rinnenlänge der Gießmastanlage.

Der Gießmast läßt sich für eine maximale Höhe von 40 m bauen, was bei einer Höhe des Betonbauwerks $h = 20$ m einem Arbeitsradius (Aktionsradius) $R = 23$ m entspricht (siehe Abb. 14), wenn man die Neigung der Rinnen, wie sich dies als zweckmäßig erwiesen, zwischen 25 und 30^0 annimmt, was für $\varphi = 32^0$ $\text{Tg}\ \varphi = \frac{1}{1{,}6}$ entspricht. Aus Abb. 14 ist desgleichen ersichtlich, daß einer Betonierhöhe $h = 10$ m ein maximaler Arbeitsradius von $R = 40$ m entspricht. Mit diesem Mast kann demnach ein Hochbau von 20 m Höhe, 20 m Tiefe und 45 m Länge gegossen werden. Bis zu 13 m hängen die Rinnen frei, darüber hinaus müssen sie gestützt bzw. eine Konstruktion angewandt werden mit Flieger und Gegengewicht. Zur Bedienung des Gießmastes gehört eine Betonmischmaschine von 250/350-l-Füllung und eine Winde, die mit ihren Spielen des Aufzugskastens den Füllungen der Mischmaschine entspricht. Es leistet dann der Turm theoretisch das, was die Mischmaschine leistet. Die Leistungen einer solchen Anlage sind also bei Annahme von

Abb. 12. Gießmastanlage 350 l (Ibag, Neustadt).

250 l Füllung entsprechend 0,2 cbm fester Betonmasse bei 30 Spielen pro Stunde
$30 \cdot 0{,}2 = \underline{6 \text{ cbm pro Stunde}}$,

350 l Füllung entsprechend 0,25 cbm fester Betonmasse bei 30 Spielen pro Stunde
$30 \cdot 0{,}25 = \underline{7{,}5 \text{ cbm pro Stunde}}$.

Wenn man Unterbrechungen im Betriebe durch Umstellen der Anlage usw.

in Rechnung zieht, kann man praktisch bei Hochbauten mit 4 und 6 cbm pro Stunde Leistung mit einer Gießmastanlage rechnen, was bei einer zehnstündigen Arbeitszeit einer täglichen Leistung von 40 bzw.

Abb. 13. Gießmastanlage der Allied Machinery Co., Zürich.

60 cbm entspricht, oder bei einer mittleren Betonhöhe von 20 cm, 200 bzw. 250 qm pro Tag. Das Gießen eines Stockwerkes von 20/45 m würde also 5 bzw. 4 Tage in Anspruch nehmen.

Wird es aber doch bei ausnahmsweise großer Betonstärke von Decken in großen Lagerhäusern notwendig, die Leistungen weiter zu steigern, so besteht die Möglichkeit, die Leistung einer 500-l-Betonmaschine zu verwenden unter Vorschaltung eines Vorsilos zwischen Mischmaschine und Aufzugskasten des Gießmastes. Das Bestreben der Maschinenfabriken müßte dahin gehen, für solche Fälle Gießmaste mit größeren Aufzugsgeschwindigkeiten (bis zu 60 m/Min.) zu konstruieren, da im Hochbau dem Verbraucher mit kleinen leistungsfähigen Anlagen am besten gedient ist.

b) Gießtürme mit im Innern des Turmes laufendem Aufzugskasten.

Für größere Bauten, vor allem Tiefbauten von entsprechender Ausdehnung und Höhe mit der Möglichkeit, größere Massen einzubauen, kommen nur Türme mit innenlaufenden Kippkästen in Frage. Diese Türme unterscheiden sich vor allem durch ihre fast unbegrenzte Höhe, sowie durch die Möglichkeit, ihre Leistungsfähigkeit durch Steigerung der Hubgeschwindigkeit mit Schnellaufzugswinden zu steigern. Auch braucht das Rinnensystem nicht unterstützt zu werden. Ein Lichtbild einer solchen Anlage zeigt Abb. 15, welches die Anlage der Schleuse Anderten bei Hannover darstellt, die von der Lincke-Hofmann-Lauchhammer A.-G. in Berlin geliefert wurde. Diese Anlage besteht aus einem an der Vorderseite des Turms geführten Schlitten, im Innern des Turms laufendem Aufzugskasten und dem Rinnensystem, welches durch einen Derrik-Ausleger frei getragen wird. Der Schlitten trägt zweckmäßig neben dem Vorsilo, in welches der Aufzugskübel entleert, noch eine Bedienungsbühne mit einer Doppelhandkabelwinde zum Verstellen des Schlittens bzw. Rinnensystems. Der Aufzugskasten ist als Kippkasten ausgebildet, der in gekippter Stellung nur in den Vorsilo entleeren kann. Die Rinnen sind mit starken und leicht auswechselbaren Schleißblechen versehen, welche nach Abnützung ausgewechselt werden. Ein oder zwei Flieger tragen und balancieren mit ihren Gegengewichten die Rinnen aus. Bei großen Arbeitsradien muß dann unter Umständen das letzte Rinnenstück noch unterstützt werden. Wichtig ist, daß die Maschinenfabrik von allen Teilen, wie Rinnen, Gelenkstücke, Rüssel, Gerüststöße usw. Ersatzstücke zur sofortigen Anlieferung zur Baustelle besitzt.

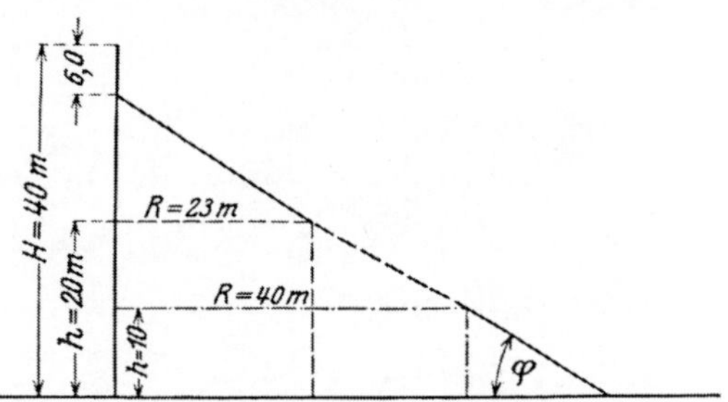

Abb. 14. Bestimmung des Arbeitsbereichs einer Gießmastanlage.

6. Wahl der Abmessungen der Gußbetonanlage.

Ein Beispiel möge zeigen, wie die Höhe eines Gießturms für eine bestimmte Arbeit ermittelt wird:

Es sei die Turmhöhe bei einer höchsten Arbeitshöhe des Betons über dem Turmfundament $h = 30$ m für einen größten Arbeitsradius $R = 40$ m

Abb. 15. 750-l-Gießturmanlage beim Bau der Schleuse Anderten. (Lieferant: Lincke-Hofmann-Lauchhammer A.G. Berlin.)

zu bestimmen. Aus der Abb. 16, deren nähere Erläuterung nach dem früher Gesagten sich erübrigt, ergibt sich für $h = 30$ und $R = 40$

$$H = h + 0{,}57\ R + 8\ \text{m}$$

oder

$$H = 30 + 0{,}57 \cdot 40 + 8 = \text{rd. } 60\ \text{m}.$$

Als Abart des Gußbetonverfahrens kann die Verwendung des Gußverfahrens unter Zuhilfenahme von Stahlkabeln gelten. Die Rinnen sind an den Kabeln aufgehängt und es trägt die letzte aufgehängte Rinne eine Fliegerkonstruktion (siehe Abb. 17). Eine solche Anlage, welche von der „Allied Machinery Company of America" in Zürich geliefert wurde, kam beim Bau der Wäggi-Talsperre zur Verwendung. Weiteres über solche Anlagen ist in dem späteren Abschnitt über Betonierung mit Kabelbahnen gesagt.

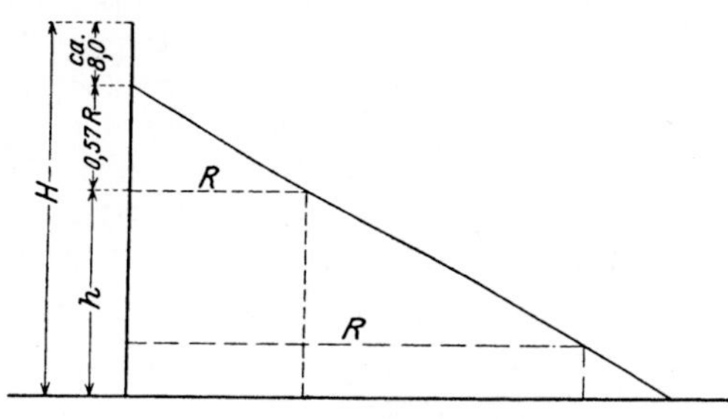

Abb. 16. Bestimmung des Arbeitsbereichs einer Gießturmanlage.

Eine Einteilung der Gießtürme nach den Lieferfirmen für Gußbetonanlagen wurde absichtlich nicht vorgenommen. Es muß

Abb. 17. Gießturmanlage an der Wäggitalsperre (Allied Machinery Co. of America, Zürich).

diesbezüglich auf den Anhang dieses Abschnittes verwiesen werden, wo die wichtigsten Maschinenfabriken in Amerika, der Schweiz und Deutschland aufgeführt sind, welche sich mit der Herstellung von Gießtürmen befassen.

7. Beifuhr der Zuschlagsstoffe und Bindemittel.

Wenn auch die folgenden Wirtschaftlichkeitsberechnungen sich auf den reinen Betonierungsvorgang beziehen, so sei doch bemerkt, daß eine der wichtigsten Vorbedingungen für den wirtschaftlichen Erfolg einer Anlage eine richtige Disposition der Materialzufuhr zur Betonmaschine ist. Verwendung von ortsfesten oder fahrbaren Silos, Aufbereitungsanlagen mit automatischen Wagen, Meßwagen in Taschenform oder Transportbänder kommen bei großen Leistungen zweckmäßig zur Verwendung. Bei den folgenden Berechnungen sei stets angenommen, daß, was durchaus möglich ist, diese Frage einwandfrei gelöst sei, was allerdings bei Gußbeton, bei den wesentlich höheren Leistungen etwas mehr Sorgfalt und Überlegung erfordert.

8. Preise und Gewichte von Gießtürmen.

Nachstehende Tabelle, welche dem Katalog der „Ibag" in Neustadt entnommen ist, enthält Angaben über die Preise von Gießtürmen und deren Ersatzteile.

Tabelle 8.

Type	Inhalt des Aufzugskastens	Arbeitshöhe	Gesamthöhe	Arbeitsradius	Leistung				Kraftbedarf				Preis der kompletten Anlage ohne Winde
					Friktionswinde	Schnellaufzugswinde			Friktionswinde	Schnellaufzugswinde			
					$v = 0{,}5$ m/Sek.	$v = 1{,}0$ m/Sek.	$v = 1{,}5$ m/Sek.	$v = 2{,}5$ m/Sek.	$v = 0{,}5$ m/Sek.	$v = 1{,}0$ m/Sek.	$v = 1{,}5$ m/Sek.	$v = 2{,}5$ m/Sek.	
	l	m	m	m	cbm	cbm	cbm	cbm	PS	PS	PS	PS	M.
1	250	18	23	18	6	—	—	—	7	—	—	—	
2	350	18	32	18	8,5	—	—	—	9	—	—	—	
3	500	25	48	27	10	15	17,5	21,5	10	20	30	50	
4	750	25	48	27	15	22,5	26	32,5	18	35	50	85	
5	1000	25	48	27	20	30	35	43	20	40	60	105	
6	1500	25	48	27	30	45	52,5	64,5	35	70	105	170	

9. Ersatzteile für Gußbetonverteilungsanlagen.

Tabelle 9.

Type	Rinnen mit Schleißblechen				Ohne Schleißbleche		Gelenkstück	Rüssel	Gerüststoß	
	2 m	4 m	2,5 m	5 m	2 m	4 m	M.	M.	4 m	5 m
1	82	150	—	—	40	75	115	50	245	—
2	82	150	—	—	40	75	115	50	245	—
3	82	150	—	—	40	75	115	50	—	—
4	—	—	145	260	—	—	165	60	—	505
5	—	—	145	260	—	—	165	60	—	675
6	—	—	145	260	—	—	165	60	—	860

Die in den folgenden Wirtschaftlichkeitsberechnungen angenommenen Preise und Gewichte sind Mittelwerte aus den Angaben, welche dem Verfasser von den im Anhang aufgeführten Lieferfirmen zugegangen sind.

10. Wirtschaftlichkeitsberechnungen von Gußbeton- gegenüber Stampfbetonarbeit.

Entsprechend den vorausgegangenen Ausführungen ist auch bei den Wirtschaftlichkeitsberechnungen die Trennung zwischen Gußbeton-Tiefbau und Gußbeton-Hochbau durchgeführt, damit der Unterschied auch zahlenmäßig festgestellt werden kann.

a) Gußbeton-Tiefbauten.

Die 500-l-Gießturmanlage.

Als charakteristisch für Betontiefbauten wurde bereits hervorgehoben, daß große Massen vorliegen und große Tagesleistungen untergebracht werden können. Wenn keine Stockungen auftreten sollen, muß an der Einbaustelle abgenommen werden, was die Betonmaschine bzw. der Aufzugskübel fördert. Die Leistung des Aufzugskübels und der Betonmaschine müssen aufeinander abgestimmt sein. Man ist bei Gußbeton unabhängig von dem Transportpersonal, das bei Stampfbeton den Beton in Fördergefäßen nach den Einbaustellen befördert, wodurch außerdem in der Praxis meist Aufenthalte entstehen. Während bei Gußbeton bis 30 Mischungen, i. M. 25 Mischungen, in der Stunde leicht erreicht werden, was einer Leistung von $25 \cdot 0{,}35 = 9$ cbm feste Masse entspricht, kann man bei Stampfbeton vor allem bei Entfernungen über 100 m, wie sie im Tiefbau üblich sind, nicht mit mehr als durchschnittlich 22 Mischungen in der Stunde rechnen, d. h. von $22 \cdot 0{,}35 = 7{,}7$ cbm pro Stunde. Von den Ersparnissen der beim Stampfbeton erforderlichen, manchmal sehr umfangreichen Gerüstarbeiten soll später die Rede sein, wie auch die Rüstungsarbeiten, d. h. Neulegen von Gleisen und Betonrutschen, zunächst vernachlässigt werden. Die Gerüstarbeiten können z. B. bei Stampfbetonarbeiten von großen Krafthäusern, wo die Transportgerüste umgebaut werden müssen, einen Stundenaufwand ausmachen, der von 0,5 Std./cbm bis 2,5 Std./cbm schwankt.

Um für eine 500-l-Gußbetonanlage die Grenzbetonmenge zu ermitteln, sind die Mehrkosten bei Gußbeton, bestehend aus den Kosten für Abschreibung, Verzinsung und Unterhaltung des Gießturms, An- und Rücktransport, sowie Montage und Demontage der Anlage, Betriebsstoff- oder Energieverbrauch der Anlage, den Ersparnissen an Lohnkosten gegenüber dem Stampfbetonverfahren gleichzusetzen.

Gerätekosten der Gußbetonanlage. Die Gußbetonanlagen zählen entsprechend den Ausführungen in Teil A der Abhandlung zu der Gerätegruppe mit dem Abschreibungswert $a_0 = 25\%$. Die Antriebsmotore zählen zu der Gruppe mit dem Abschreibungsgrundwert $a_0 = 20\%$. Bei zehnstündigem täglichen Gußbetrieb und 250 Arbeitstagen im Jahre kann man 2500 Stunden Betriebszeit pro Jahr annehmen, was einer jährlichen Leistung von $2500 \cdot 9 = 22\,500$ cbm entspricht.

Es sei nun eine Arbeit angenommen, bei der ein 48 m hoher Gießturm ausreiche, was einer Anlage für 25 m Arbeitshöhe und 27 m Arbeitsradius oder einer solchen von 15 m Arbeitshöhe und 42 m Arbeitsradius entspricht. Das letztere sei angenommen und dementsprechend eine Rinnenlänge von $\sqrt{42^2 + (0{,}57 \cdot 42)^2} = 48$ m.

Zusammenstellung der Kosten der Gießturmanlage.

	Gewicht kg	Preis etwa M.
48-m-Turm mit Ausleger und Flieger .	12800	7000,—
48-m-Rinnen	1500	1800,—
1 Kabelwinde für den Aufzug	1500	1200,—
Drahtseile zum Verankern des Turms .	1200	1000,—
	17000	11000,—
Dazu ein Antriebsmotor zum Antrieb der Winde:		
1 Rohölmotor 12 PS	2100	6000,—
	19100 kg	17000,— M.

Die Gerätekosten pro 1 Betriebsstunde betragen demnach:

	Anlagewert	Gruppe	Gerätekosten M. pro Std.
1. Gießturmanlage	11000	25%	1,40
2. Antriebsmotor	6000	20%	0,75
			2,15

oder umgerechnet auf 1 cbm

$$\frac{2{,}15}{9} = 0{,}24 \text{ M. pro 1 cbm Gerätekosten.}$$

An- und Rücktransport vom Lagerplatz zur Baustelle sowie Montage und Demontage der Anlage. Rechnet man für Aufladen am Lagerplatz, Abfuhr von der Endstation nach der Baustelle, Rücktransport von der Baustelle zur Station und Entladen am Lagerplatz bei Rückkunft des Gerätes unter der Annahme, daß der Lagerplatz Gleisanschluß besitzt, je 1,50 M. pro Tonne, so entstehen hierfür folgende Kosten:

An- und Rückfuhr pro 1 t 4 · 1,5 = 6,— M. pro t.	
Somit insgesamt für An- und Rückfuhr 19,1 t à 6,— M.	= 114,60 M.
Hin- und Rückfracht bei Annahme einer Entfernung von 50 km 2 · 19,1 t · 3.10 M. . .	= 118,40 „
insgesamt für An- u. Rücktransport	233,— M.

Für Montage und Demontage kann man insgesamt einschl. der Betonierung der Fundamente für den Turm und die Verankerung 2000 Lohnstunden annehmen, die sich etwa wie folgt ergeben:

1 Monteur, 9 Mann 14 Tage à 10 Std. . . .	1400 Std.
Reise des Monteurs	100 „
Abbruch des Turms	500 „
	2000 Std.

Betriebsstoff bzw. Energieverbrauch. Welche Antriebskraft unter den jeweils vorliegenden Verhältnissen die billigste und zweckmäßigste ist, muß von Fall zu Fall ermittelt werden. In der Untersuchung sei als Antriebskraft ein Rohölmotor gewählt, der zwar größere Anschaffungskosten erfordert, aber einen sehr sparsamen Betriebsstoffverbrauch aufweist. Der Betriebsstoffverbrauch bei zehnstündigem Betrieb werde mit folgenden Kosten eingesetzt:

Etwa 50 kg Rohöl à 0,16 M.	= 8,— M.
Schmier- und Putzmittel, Versicherung und sonstiges	1,— „
	9,— M.

somit Kosten der Betriebsstoffe pro 1 cbm Gußbeton:

$$9 : 90 = 0{,}10 \text{ M. pro } 1 \text{ cbm.}$$

Löhne. Während die vorausgehenden Kostenanteile nur die Gußbetonanlage betreffen, erfordert die Einführung der Lohnkosten eine Gegenüberstellung der beiden zum Vergleich zu stellenden Verfahren. Zu diesem Zweck sollen in beiden Fällen die Belegschaften zusammengestellt und hieraus und aus den oben angegebenen Leistungen in beiden Fällen der Lohnstundenaufwand pro 1 cbm Beton ermittelt werden:

Stampfbetonanlage. Rechnet man entsprechend der Reichweite der Gußbetonanlage einen Weg von 40 m hin und zurück auf dem Betontransportgleis, d. h. insgesamt 80 m Weg von der Betonmaschine zur Einbaustelle und ferner das Passieren von 1 bis 2 Drehscheiben, d. h. im Mittel dreimaliges Drehen der Förderwagen, so erhält man bei einer mittleren Geschwindigkeit von 60 m pro Minute für die Fahrt der Loren und einem Aufenthalt für das Drehen auf der Drehscheibe von 0,3 Min. und für das Kippen an der Einbaustelle ebenfalls 0,3 Min. folgende Fahrzeit:

Hin- und Rückfahr 80:60	= 1,33	Min.
3 × Drehen Drehscheibe 3 · 0,30 . . .	= 0,90	„
1 × Kippen 1 · 0,30	= 0,30	„
insgesamt	2,53	Min.

Rechnet man für unvorhergesehene Unterbrechungen und Aufenthalte 10%, so ergeben sich 2,78 Min. Fahrzeit. Man würde also mit 2 Mann Transportpersonal für den Betontransport erreichen können 60:2,78 = 22 Mischungen pro Stunde, d. h. 7,7 cbm. Vielfach werden jedoch, besonders wenn Umfahrten notwendig sind, oder das Passieren von Gerüsten oder weiteren Drehscheiben 4 Mann zum Betontransport erforderlich werden. Demnach kann man für mittlere Verhältnisse folgende Belegschaft für Stampfbeton annehmen:

	1	Polier,
	1 Mann	Bedienung der Betonmaschine,
	2 Mann	Zementtransport und Beigabe,
2—4 i. M.	3 Mann	Betontransport,
8—10 i. M.	9 Mann	Einbau des Betons (Verteilen und Stampfen),
	16 Mann	Gesamtbelegschaft.

Entsprechend einer Leistung von 7,7 cbm ergibt sich ein Lohnstundenaufwand von:

$$16 : 7{,}7 = 2{,}10 \text{ Std./cbm.}$$

Gußbetonanlage. Die entsprechende Belegschaft beim Gießen des Betons bei einer Leistung von durchschnittlich 25 Mischungen à 0,36 = 9 cbm wäre die folgende:

1	Polier,
2 Mann	Zementbeigabe,
1 „	Bedienung der Betonmaschine,
1 „	Bedienung der Aufzugswinde,
1 „	am Vorsilo auf dem Gießturm,
3 „	Verteilen des Betons,
9 Mann	Gesamtbelegschaft.

Entsprechend einer Leistung von 9 cbm ergibt sich ein Lohnstundenaufwand von 9 : 9 = 1,0 Std./cbm.

Es sei nochmals bemerkt, daß mittlere Verhältnisse zugrunde gelegt sind, wie sie beispielsweise beim Betonieren der Sohle einer Schleuse oder eines Krafthauses oder von größeren Brückenfundamenten vorliegen. Daß jede Betonierarbeit verschieden ist und der Vergleich eigentlich nur für eine bestimmte Arbeit geführt werden könnte, ist sich der Verfasser klar. So bedingen bei Stampfbeton große Höhenunterschiede, wo in Rutschen zum tiefer liegenden Transportgleis abgekippt werden muß, eine Erhöhung des Transportpersonals. Auch die Möglichkeit von Verzögerungen wird dadurch größer. Bei höher gelegenen Teilen eines Bauwerks, wo bei Stampfbeton ein Aufzug oder Schrägaufzug verwendet wird, muß ein Mann Bedienung hierfür gerechnet werden. Außerdem trifft der Vergleich nur zu für Arbeiten, welche keinen erheblichen Aufwand an Fahrgerüsten erfordern, nicht jedoch z. B. wo zur Verteilung von verhältnismäßig kleinen Betonmassen erheblich mehr Personal zum Einbau erforderlich ist. Dies sind alles Beschränkungen für den Stampfbeton, welche beim Gußbeton gar nicht oder lange nicht in dem Maße zur Geltung kommen. Es sind also hier bei Stampfbeton die günstigsten Verhältnisse zugrunde gelegt.

Es ist weiter angenommen, daß die Vorbereitungen zum Betonieren, welche in einem Falle im Verlegen der Betongleise, Herrichten der Rutschen usw. bestehen, im anderen Falle in der Umstellung der Rinnenanlage des Gießturms bzw. Betriebsfertigmachen und Vorbereiten des Gußabschnitts gleiche Aufwendungen erforderlich machen. Man erhält dann als Bedingungsgleichung für die Grenzbetonmenge Q:

$$0{,}24 + 0{,}10 + \frac{233 + 2000\,x}{Q} = 1{,}1\,x$$

oder

$$Q = \frac{2000\,x + 233}{1{,}1\,x - 0{,}34} \qquad (1)$$

Kostengegenüberstellung für Stampf- und Gußbeton. Dies hat bei veränderlichem x und Q die Gleichung einer Hyperbel, welche parallel zur x- und Q-Achse asymptotisch verläuft. Man erhält aus Gleichung (1) folgende zusammengehörige Werte x und Q:

$x = 0{,}31$ M.	$Q = \infty$ cbm
$x = 0{,}50$,,	$Q = 5880$,,
$x = 1{,}\text{—}$,,	$Q = 2940$,,
$x = 2{,}\text{—}$,,	$Q = 2270$,,
$x = 3{,}\text{—}$,,	$Q = 2110$,,
$x = 4{,}\text{—}$,,	$Q = 2030$,,

Diese Werte werden zur Herstellung der Abb. 18 benützt, wo die Grenzbeton-Mengenkurve für eine Entfernung der Baustelle von Lagerplatz der Unternehmung von $E = 50$ km aufgetragen ist.

Nimmt man nun die Entfernung der Baustelle vom Lagerplatz veränderlich an, d. h. führt man die Entfernung als veränderliche E in die

Bedingungsgleichung ein, so lautet die Gleichung (1), wenn man beachtet, daß die Frachtsätze, wie aus der Frachtentafel Abb. 2 ersichtlich, für 100 km ca. 3,50 M./t Zunahme aufweisen:

$$0{,}34 + \frac{233 + (E - 50) \cdot 1{,}337 + 2000\,x}{Q} = 1{,}1\,x$$

oder

$$Q = \frac{2000\,x + 1{,}337\,E + 166{,}2}{1{,}1\,x - 0{,}34}$$

Für $E = 100$ km ergibt sich dann als Bedingungsgleichung

$$Q = \frac{2000\,x + 300}{1{,}1\,x - 0{,}34} \tag{2}$$

In der Abb. 18 sind die Grenzbeton-Mengenkurven für $E = 50$ und $E = 200$ km aufgezeichnet und daraus zu ersehen, daß die Entfernung beim Wirtschaftlichkeitsvergleich fast gar keine Rolle spielt. Ausschlaggebend sind bei großen Anlagen die Kosten für Montage und Demontage und deshalb ist es unbedingt erforderlich, daß die Maschinenfabriken, welche Gußbetonanlagen liefern, diese Kosten durch Normierung der Einzelteile und möglichst zweckmäßige Montage auf ein Geringstmaß herabmindern.

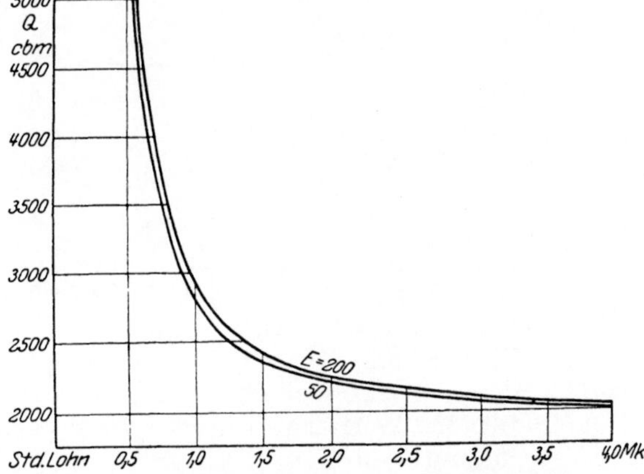

Abb. 18. Grenzbetonmengenkurven für Gußbetontiefbauten bei Verwendung einer 500-l-Gießturmanlage.

Da der Einfluß der Entfernung der Baustelle von untergeordneter Bedeutung ist, wird im folgenden stets eine Entfernung von 100 km zugrunde gelegt und damit E als veränderliche Größe ausgeschaltet.

Die Ersparnis, welche bei Verwendung von Gußbeton bei einem mittleren Stundenlohn von 0,80 M., wie er dem mittleren Lohn für Betontiefbauten im Rheinisch-Westfälischen Industriegebiet, Frühjahr 1926, entspricht, erzielt wird, bei einer Gesamtbetonmasse von Q cbm ergibt sich zu

$$y = 1{,}1\,x \cdot Q - 0{,}34 \cdot Q - (300 + 2000\,x)$$

und mit $x = 0{,}80$

$$y = 0{,}54 \cdot Q - 1900.$$

Dies ist die Gleichung einer geraden Linie und man erhält nach Überschreiten der Grenzbetonmenge $Q = 3500$ cbm auf je weitere 10000 cbm Beton eine Ersparnis von 5400 M.

In bezug auf die Höhe der Grenzbetonmenge erscheint dieses Ergebnis zunächst ziemlich ungünstig und es scheint sich hier die vor Jahren gebräuchliche Meinung zu bestätigen, daß sich die Aufstellung einer Gußbetonanlage erst bei sehr großen Massen lohnt. Wenn man aber bedenkt, daß auch bei Betontiefbauten fast stets ganz erhebliche Gerüstarbeiten notwendig sind und rechnet man die Ersparnisse, welche am Gerüstbau beim Gußverfahren erzielt werden, nur zu 0,5 Lohnstunden pro cbm und den ersparten Materialverbrauch an Holz zu 0,10 M., so erhält man folgende Gleichung für die Grenzbetonmenge:

$$0{,}34 + \frac{300 + 2000\,x}{Q} = 1{,}6\,x + 0{,}10$$

oder

$$Q = \frac{300 + 2000\,x}{1{,}6 - 0{,}24\,x}$$

Damit ergeben sich folgende zusammengehörigen Werte von x und Q:

$$\begin{array}{ll} x = 0{,}25 & Q = 5000 \\ x = 0{,}50 & Q = 2330 \\ x = 1{,}00 & Q = 1690 \\ x = 2{,}00 & Q = 1450 \\ x = 3{,}00 & Q = 1380 \\ x = 4{,}00 & Q = 1350 \end{array}$$

D. h. es verschiebt sich die Wirtschaftlichkeitsgrenze so, daß bei einem mittleren Stundenlohn zwischen 0,50 und 1,— M. schon bei ca. 1800 cbm das Gießen wirtschaftlicher ist als Stampfbeton.

Aus Abb. 18 mit den Grenzbeton-Mengenkurven ist zu ersehen, daß die Höhe der durchschnittlichen Löhne von ausschlaggebender Bedeutung auf die Wirtschaftlichkeit und den Umfang der Ersparnisse bei Verwendung von Gußbeton ist.

Wie bereits früher erwähnt, ist es nicht angängig, in bezug auf die Wirtschaftlichkeitsgrenze allgemeine Angaben zu machen, sondern es ist jeweils erforderlich, bei einem bestimmten Bauobjekte unter Berücksichtigung der maßgebenden Faktoren und der örtlichen Verhältnisse nach den vorstehend angegebenen Richtlinien die Wirtschaftlichkeitsgrenze zu bestimmen.

Um nun den durch die örtlichen Verhältnisse bedingten Kosten eines bestimmten Bauwerks Rechnung tragen zu können, seien in der Gleichung der Ersparnisse y Seite 43 nicht 1,1 ersparte Lohnstunden, sondern ganz allgemein a Lohnstunden in die Gleichung eingeführt, wobei sich a je nach den örtlichen Verhältnissen ändert und für jede neue Baustelle festgestellt werden muß. Bei Betonarbeiten, welche bei Stampfbeton erhebliche Gerüstarbeiten erfordern, wird sich a entsprechend höher ergeben. Man erhält dann bei einer Gesamtbetonmenge Q die Ersparnis y mit einer Frachtbasis von 100 km

$$\underline{y = Q \cdot (a \cdot x - 0{,}34) - (300 + 2000\,x).}$$

Diese Gleichung läßt sich in einer vierteiligen Abbildung darstellen bei Auflösung in die 4 Gleichungen:

$$a \cdot x = z, \tag{1}$$

$$\xi = Q \cdot (z - 0{,}34), \tag{2}$$

$$\eta = 300 + 2000\,x, \tag{3}$$

$$x = \xi - \eta. \tag{4}$$

Aus Abb. 19 läßt für ein beliebiges a, x, Q die Ersparnis in Mark ablesen, welche mit dem Gußverfahren gegenüber dem Stampfbetonverfahren erzielt wird. Eine nähere Erklärung der Abbildung erübrigt sich.

Es wäre noch die Frage zu prüfen, inwieweit sich die Wirtschaftlichkeitsgrenze verschiebt, wenn infolge der Ausdehnung der Baustelle bei einer Betonmenge Q zwei Gießtürme zur Verwendung kommen. Gerätekosten, Kosten für den Antransport, Fracht usw. sind doppelt anzusetzen. Dafür ist aber die Ersparnis an Lohnstunden eine entsprechend höhere. Denn wo zwei Gießtürme notwendig sind, sind die Enfernungen solche, daß auch bei Stampfbeton wenigstens vier Mann mehr zum Transport und Einbau des Betons erforderlich sind, was einem Mehraufwand an Lohn bei Stampfbeton von $4 : 7{,}7 = 0{,}50$ Lohnstunden pro cbm entspricht. Sieht man jedoch von diesem Mehraufwand zunächst ab, so erhält man bei einem mittleren Stundenlohn $x = 0{,}80$ die Ersparnis y bei Verwendung von zwei Gießtürmen zu

$$y = 0{,}20\ Q - 3800,$$

d. h. die Wirtschaftlichkeitsgrenze bei zwei Anlagen liegt etwa 6 mal so hoch als bei einer Anlage und die Ersparnissse pro Einheit sind nur $^1/_3$ bis $^1/_4$ der Ersparnisse bei der gleichen Masse und einem Gießturm.

Die 750-l-Gießturmanlage

mit Schnellaufzugswinde gegenüber Stampfbeton mit Preßluftstampfung unter Berücksichtigung der Ersparnis von Transportgerüsten.

Im folgenden möge eine Gußbetonanlage mit 750-l-Aufzugskübel und Schnellaufzugswinde auf ihre Wirtschaftlichkeit untersucht werden. Solche Anlagen werden in den meisten Fällen auch für die größten Betonbauten ausreichen. Während die ersten deutschen Gußbetonanlagen nur mit Aufzugsgeschwindigkeiten des Fahrkübels von $v = 0{,}5$ bis 1,0 m/Sek. arbeiteten, hatte man in den Vereinigten Staaten Aufzugsgeschwindigkeiten bis $v = 2{,}5$ m/Sek., wodurch man mit derselben Anlage wesentlich höhere Leistungen erzielte. So hatten die an der Wäggitalsperre Anfang 1923 von der Allied Machinery Co. of America in Zürich gelieferten zwei Gießanlagen nur Aufzugskübel von 880 l Inhalt, aber Aufzugsgeschwindigkeiten von $v = 2{,}5$ m/Sek., womit dann die dort erzielten hohen Leistungen von durchschnittlich 33 cbm pro Stunde und pro Turm erreicht wurden. Heute werden auch von deutschen Maschinenfabriken solche Anlagen geliefert, welche unter Umständen bei sehr großen Objekten wirtschaftlich sein können. Voraussetzung ist natürlich wieder, daß es möglich ist, so große Leistungen unterzubringen. Rechnet man damit, daß täglich in zehnstündiger

Arbeitszeit ein Gußblock gegossen wird unf wählt man die Gußblöcke zu ca. 30 m Länge und berücksichtigt, daß die zweckmäßige Höhe eines

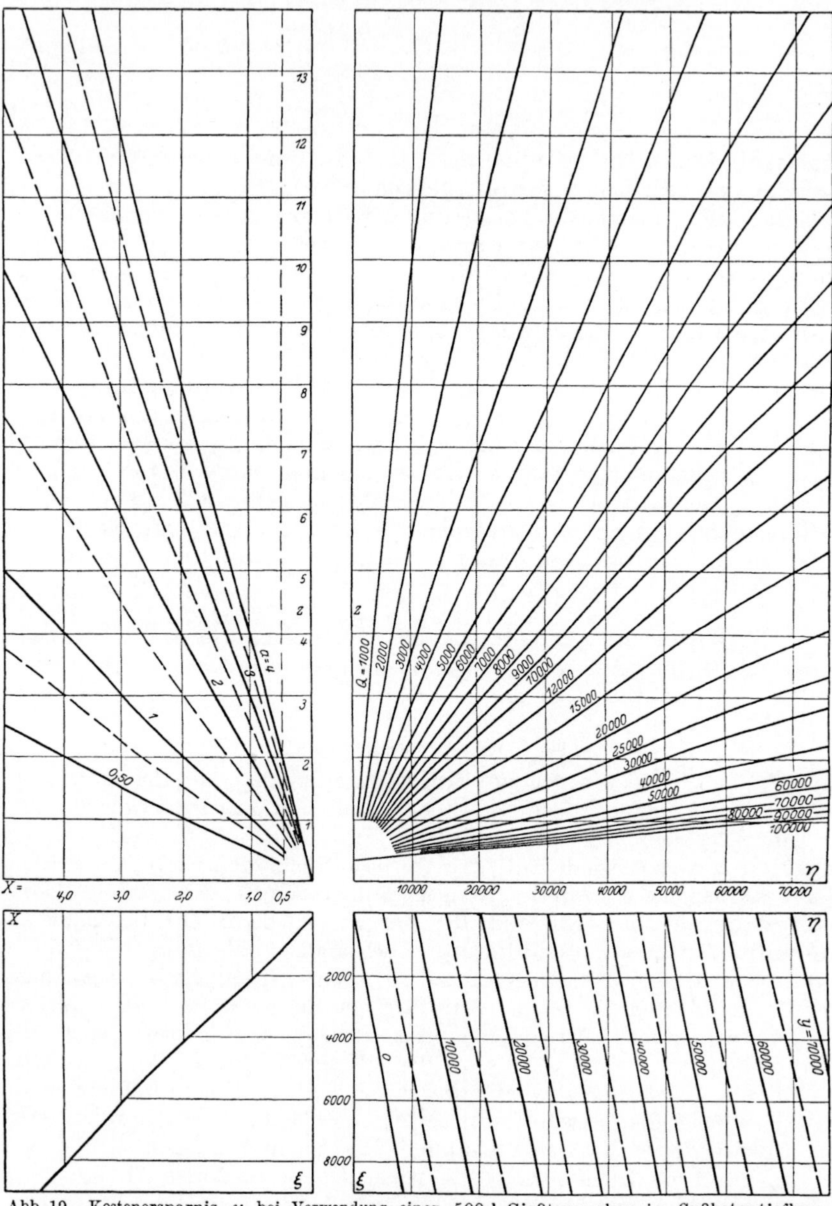

Abb. 19. Kostenersparnis y bei Verwendung einer 500-l-Gießturmanlage im Gußbetontiefbau.

Gußblocks mit Rücksicht auf den Druck der Betonmassen auf die Schalungen 1,5 m nicht überschreiten soll, so würde einer Gußleistung von 25 cbm/Stde. eine Breite des Blocks von 5,5 m entsprechen. Wenn das Bauwerk durchschnittlich wesentlich geringere Breiten und auch kein starkes Fundament mit großen Massen aufweist, wäre diese Anlage unter Umständen bereits unwirtschaftlich vom Standpunkt des Bauingenieurs aus gesehen. Je geringere Breitenabmessungen vorliegen, desto schwieriger ist es auch, bei den vorbereitenden Schalarbeiten mit der Betonierung Schritt zu halten, was dann nichts anderes bedeutet, als daß die Anlage des öfteren still steht. Ein gutes Arbeitsprogramm und genaue Wirtschaftlichkeitsberechnungen sind daher unbedingt erforderlich vor dem Kauf eines Gießturms für einen bestimmten Zweck. Es ist auch vom Standpunkte des Bauingenieurs aus betrachtet nach

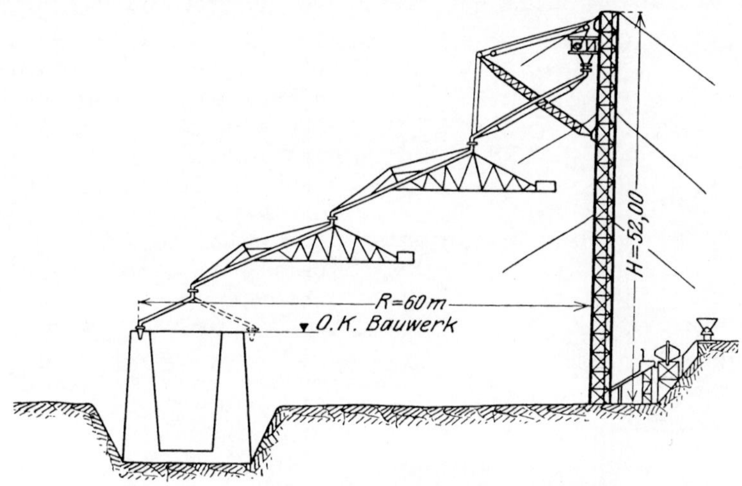

Abb. 20. 750-l-Gießturmanlage mit 60 m Arbeitsradius.

Ansicht des Verfassers unwirtschaftlich, wenn, wie dies mehrfach geschehen, bei Schleusenbauten mit 1000-l-Aufzügen gearbeitet wird.

Bei Verwendung von Schnellaufzugswinden sind bei den bisher üblichen Betonmischmaschinentypen Typen, welche die gleichen Füllungen haben wie der Aufzugskübel des Gießturms, nicht passend, da sie mit ihren Leistungen nicht den Leistungen des Aufzugs entsprechen. Es ist vielmehr zweckmäßig, 1000-l-Maschinen und ein Vorsilo zu verwenden, womit der erforderliche Ausgleich zwischen den Leistungen von Mischmaschine und Gießturm geschaffen wird.

Nimmt man nun an, die Oberkante des Bauwerks befinde sich 10 m über dem Turmfundament und die Länge des Bauwerkes sei 120 m, so ist nach den früher angestellten Berechnungen die erforderliche Höhe des Gießturms

$$H = h + 0{,}57 \cdot R + 8{,}0 \quad \text{und mit} \quad h = 10,\ R = 60\ \text{m},$$

$$\underline{H} = 10 + 0{,}57 \cdot 60 + 8{,}0 = \underline{52\ \text{m.}}$$

Eine solche Anlage ist in Abb. 20 aufgezeichnet. Nimmt man die mittlere Höhe, auf welche der Fahrkübel zu fahren hat, mit 35 m an, so berechnet sich die Zeitdauer der einzelnen Arbeitsvorgänge etwa wie folgt: Bei Annahme einer Fahrgeschwindigkeit des Aufzugskübels von $v = 1{,}0$ m/Sek.:

Aufziehen des Fahrkübels . . 35 : 1,0 = rd.	35 Sek.
Ablassen des Fahrkübels mit $v = 4{,}0$ m 35 : 4 =	9 „
Einfüllen des Materials in den Aufzugskübel	25 „
Entleeren des Förderkübels in das Turmvorsilo	20 „
insgesamt	89 Sek.

Rechnet man dazu für unvorhergesehene Aufenthalte und Unterbrechungen 30%, so ergibt sich die Zeitdauer eines Förderspiels zu 116 Sek., d. h. in einer Stunde werden $\frac{60 \cdot 60}{116} = 31$ Spiele gemacht. Im folgenden ist daher mit 30 Spielen à 0,75 cbm feste Masse, das ist rd. 22 cbm je Stunde Betonierleistung gerechnet. Um diese Leistung zu erreichen, genügt eine 750-l-Mischmaschine nicht, sondern ist vielmehr eine 1000-l-Betonmaschine und Verwendung eines Vorsilos erforderlich, in welchen die Betonmaschine arbeitet und von welchem aus jeweils so viel Beton als der Aufzugskübel faßt, nach Rückkunft des Kübels abgelassen wird. In Abb. 21 ist eine solche Anlage schematisch dargestellt.

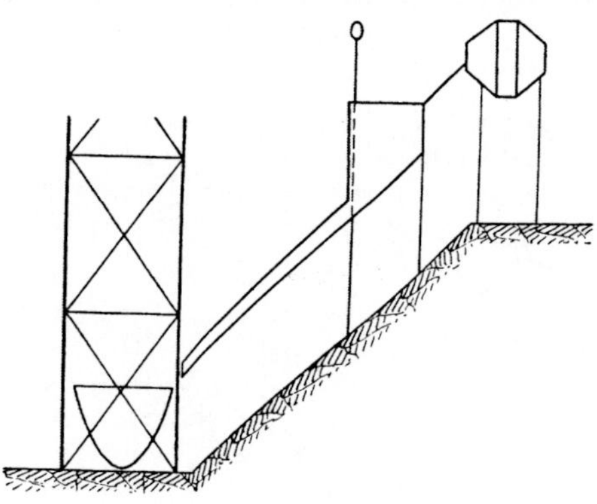
Abb. 21. Schematische Darstellung einer Vorsiloanlage.

Bezüglich der Verwendung von Betonmaschinen von größerer Füllung als dem Fassungsraum des Aufzugskübels wäre noch zu erwähnen, daß sich hier allerdings eine Änderung im Betonmaschinenbau vorzubereiten scheint dahingehend, daß Betonmaschinen gebaut werden, welche größere Umlaufgeschwindigkeiten besitzen, so daß in 1 bis $1^1/_2$ Min. eine völlige Durchmischung des Materials erreicht sein soll. Die Anzahl der Füllungen pro Stunde läßt sich sich — selbstverständlich unter Vorraussetzung eines sehr gut geregelten Materialtransports — damit auf 40 bis 60 Füllungen steigern. Vorteilhaft ist bei diesen Maschinen, welche von der Vögele A.-G. in Mannheim nach amerikanischen Patenten bereits in Serienfabrikation hergestellt werden, ihr geringes Eigengewicht, sowie die rasche Rückführung der Mischtrommel in die Arbeitsstellung. Daß eine Betonmaschine, welche in 5 bis 6 Jahren abgeschrieben sein und durch modernere Maschinen ersetzt werden muß, zweckmäßig nicht so schwer konstruiert zu sein braucht, wie dies in Deutschland üblich war, unterliegt keinem Zweifel. Es muß abgewartet werden, wie sich solche Maschinen in der Praxis bewähren. In Abb. 22 ist eine solche Maschine dargestellt.

Daß bei Betonierleistungen, wie sie Gießtürme mit Schnellaufzügen erfordern, auf die wirtschaftlichste Art des Antransports von Kies, Sand und Bindemitteln größter Wert gelegt werden muß, braucht wohl nicht besonders erwähnt zu werden. Welche Transportmittel für das Heranschaffen des Mischgutes zweckmäßig zu benützen sind, ob vor oder über der Betonmaschine Silos anzuordnen sind, ob Förderbänder oder Hängebahnen mit Meßgefäßen oder Kabelgreifer zwischen Materialdepot und Silos am zweckmäßigsten verwendet werden, soll hier nicht untersucht werden, obgleich es äußerst interessant wäre, diese Frage nicht allein vom maschinentechnischen Standpunkte aus, sondern vor allem vom Standpunkte des Bauingenieurs aus zu untersuchen. Eine solche Untersuchung wäre ein dankbares Thema für eine die vorliegende Abhandlung ergänzende Dissertation. Die örtlichen Verhältnisse und vor allem der Umfang der Arbeiten werden hier wohl die ausschlaggebende Rolle für die Wahl der Anlage spielen. In den folgenden Berechnungen ist nun angenommen, daß die Materialtransporte zu den Mischmaschinen bei Stampfbeton und Gußbeton die gleichen Kosten verursachen, obgleich dies nicht vollständig richtig ist. Erfordert doch eine der vorerwähnten Gußbetonanlage gleichwertige Anlage in Stampfbeton zwei voneinander getrennte Betriebe mit 750-l-Maschinen, wenn dieselben Leistungen erzielt werden sollen. Daß zwei solche Betriebe sich gegenseitig stören, ist manchmal wohl nicht ganz zu vermeiden. Außerdem kommt der Transport von Kies, Sand und Bindemitteln nach zwei Mischmaschinen etwas teuerer. Desgleichen sind auch die Einrichtungskosten bei zwei 750-l-Maschinen etwas höher als bei einer 1000-l-Maschine. Doch sollen diese Umstände zu ungunsten der Gußbetonanlage vernachlässigt werden. Die Untersuchung würde bei Berücksichtigung solcher Umstände auch nur verwickelter und für praktische Zwecke nicht genauer werden.

Abb. 22. Betonmischmaschine Patent Jäger der Vögele A.-G., Mannheim.

Dagegen wird, wie bereits erwähnt, eine neue Größe in die Berechnung eingeführt als neue veränderliche Größe, nämlich die ersparten Kosten an Transportgerüsten, wie sie bei Stampfbeton erforderlich sind, besonders bei Bauwerken mit Höhenentwicklung. Diese Kosten werden mit K bezeichnet und sind eine Funktion der erforderlichen Gerüstfläche in qm (Ansichtsfläche), welche mit T bezeichnet die veränderliche Größe vorstellt.

Die früher in die Berechnung eingeführte Größe E, d. h. die Entfernung der Baustelle vom Lagerplatz zur Unternehmung, scheidet als veränderliche Größe aus und wird eine Frachtbasis von 100 km zugrunde gelegt, da die früheren Untersuchungen ergeben haben, daß der Einfluß dieser Größe auf die Verschiebung der Wirtschaftlichkeitsgrenze von sehr geringem Einfluß ist.

Das Transportgerüst sei als Stangengerüst oder Rundholzfahrgerüst ausgebildet und etwa wie in Abb. 23 und 24 angedeutet, ausgeführt. Bei größerer Höhe des Gerüstes genügen allerdings Stangengerüste nicht mehr und werden die Gerüste dann noch entsprechend

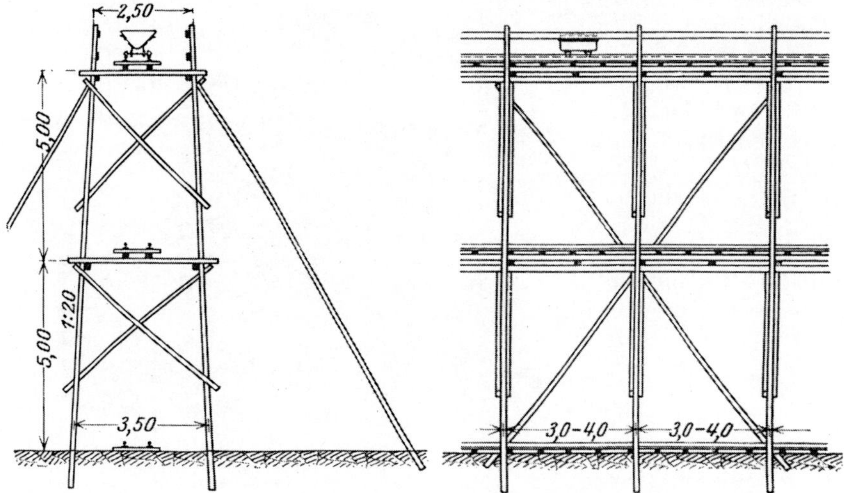

Abb. 23. Stangengerüst für den Betontransport.

teurer, desgleichen bei Ausführung für zweigleisigen Betrieb. Es sei nun für das Stangengerüst angenommen, der Holzbedarf pro 1 qm Gerüst betrage i. M. 0,06 cbm pro 1 qm und das Aufstellen und Wiederabbrechen des Gerüstes koste 40 Std. pro cbm. Dann kostet also 1 qm Fahrgerüst an Löhnen 2,4 x. Der Holzverbrauch wird entsprechend einer achtmaligen Verwendung des Holzes angesetzt, womit bei einem Preis von Rundholz von 40,— M./cbm Kosten für das Fahrgerüst in Höhe von 0,30 M./qm anfallen. Die Kosten für T qm Gerüst für eine Betonmenge Q sind daher:

$$K = T \cdot (2{,}4\,x + 0{,}30)$$

oder Kosten pro 1 cbm Beton

$$K = \frac{T}{Q} \cdot (2{,}4\,x + 0{,}30)\,.$$

Diese Kosten sind als zusätzliche Kosten für den Stampfbeton in dem folgenden Kostenvergleiche eingeführt, der im übrigen wie bei der 500-l-Anlage durchgeführt ist:

Gerätekosten der Gießturmanlage. Man kann die Kosten und Gewichte der Anlage etwa wie folgt annehmen:

	Gewicht kg	Preis Mk
52 m Gießturm mit zugehörigem Förderkübel, Ausleger, 2 Fliegern usw.	28000	15000,—
Etwa 65 lfd/m Rinnen mit Einlauf und Drehköpfen	2600	3250,—
1 Schnellaufzugswinde $v = 1$ m/Sek.	2500	6800,—
1 Elektromotor 1000 PS zum Antrieb der Aufzugswinde	1800	6000,—
1 Kabelwinde 3 t Tragkraft zum Verstellen des Schlittens, 1 Kettenflaschenzug 10 t Tragkraft und sonstige kleinere Maschinenteile	1000	1500,—
850 lfd. m verzinktes Drahtseil der Abspannseile	3700	2970,—
insgesamt	39600	35520,—

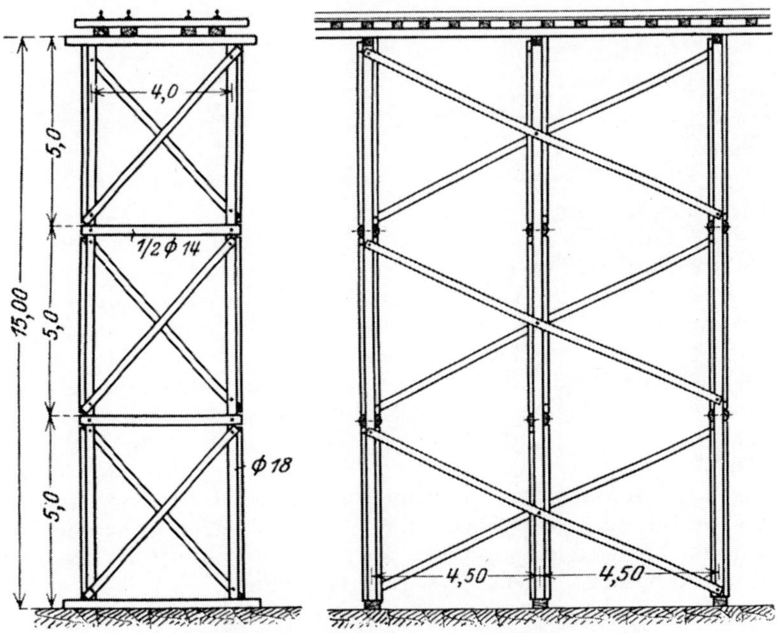

Abb. 24. Zweigleisiges Betontransportgerüst.

Man nimmt nun zweckmäßig die ganze Anlage einschl. des Elektromotors unter die Gerätegruppe $a_0 = 25\%$ und trägt damit gleichzeitig dem Umstande Rechnung, daß die Unterhaltungkosten einer Gußbetonanlage etwas höher sind als diejenigen sonstiger maschineller Anlagen. Die Gerätekosten betragen demnach nach Abb. 6 bei 2500 Betriebsstunden im Jahre $g = 4{,}51$ M. pro 1 Betriebsstunde oder bei der angenommenen Leistung von 22 cbm pro Stunde:

Gerätekosten pro 1 cbm Beton 4,51 : 22 = 0,205 M.

An- und Rücktransport sowie Montage und Demontage der Anlage. Mit denselben Annahmen wie auf S. 40 für die 500-l-Anlage erhält man:

An- und Rückfuhr insgesamt	6,— M./t
Hin- und Rückfahrt 100 km	9,70 „
insgesamt für An- und Rücktransport .	15,70 M./t

Somit für 39,6 t Gesamtgewicht zu 15,70 M. = 621,70 M. Für Montage und Demontage des Gießturms einschl. Betonierung der Fundamente für den Turm und die Verankerung kann man folgende Annahmen machen:

Montage und Demontage Gießturm kosten	3200 x
Aufstellen und Abbrechen der Winde und des Motors	250 x
zus.	3450 x.

Betriebsstoff bzw. Energieverbrauch. Zum Antrieb des Elektromotors der Schnellaufzugswinde ist ein 100-PS-Motor erforderlich. Der Motor hat nur beim Hochziehen des Kübels vollen Stromverbrauch, d. h. er ist nur ein Viertel der Betriebszeit voll belastet, was dann einer stündlichen Belastung von $\frac{100 \cdot 0{,}8}{4} = 20$ kW entspricht. Bei einem angenommenen Strompreis von 10 Pfg. pro kW/Std. ergeben sich die Kosten des Betriebs wie folgt:

20 kW/Std. à 0,10 M. = 2,— M. pro Betriebsstunde

oder bei einer Leistung von 22 cbm Beton für Stromberbrauch 0,09 M. pro 1 cbm Beton. Rechnet man für Schmiermittel und sonstiges noch 0,03 M. pro cbm, so ergibt sich der

Betriebsstoffkostenanteil zu 0,12 M. pro 1 cbm Beton.

Löhne. Die vorausgehenden Kostenanteile betreffen nur die Gußbetonanlage. Im folgenden sollen die Lohnkosten der beiden zu vergleichenden Verfahren gegenübergestellt werden durch Vergleich der entsprechenden Belegschaften. Außerdem sollen für die Stampfbetonanlage die Gerätekosten der Druckluftanlage errechnet werden.

Stampfbetonanlage. Es werde angenommen, daß die Stampfung des Betons mit Hilfe einer Preßluftanlage erfolgt. Als Leistung seien durchschnittlich für jede der beiden zur Verwendung gelangenden 750-l-Maschinen 20 Füllungen pro Stunde angenommen. Für jeden der beiden Betriebe kann man folgende Belegschaft rechnen.

1	Betonpolier,	
1	Mann	Bedienung der Betonmaschine,
2	„	Bedienung des Kiessilos und Zementbeigabe,
4	„	Transport des Betons zur Einbaustelle,
5	„	Verteilen des Betons,
2	„	Stampfen des Betons mit Preßluft,
1	„	Bedienung der Preßluftanlage,
16	Mann	Gesamtbelegschaft.

Somit ergibt sich ein Lohnstundenverbrauch von

16 : 11 = 1,45 Std. pro cbm.

Als zusätzliche Kosten müssen bei Stampfbeton mit Druckluftstampfung noch die Gerätekosten für die Druckluftanlage ermittelt werden. Als Antriebskraft wird eine neue Heißdampfmotorlokomobile der Firma Wolf in Magdeburg (siehe Abb. 25) zugrunde gelegt, welche sich durch ihr niedriges Gewicht, hohen Betriebsdruck

Abb. 25. Heißdampfmotorlokomobile Wolf (Magdeburg).

und große Leistungen auszeichnet. Gewichte und Neuwert der Anlage kann etwa wie folgt angenommen werden:

	Gewicht kg	Neuwert M.
1 liegender einzylindriger Stufenkompressor 4,5 cbm/min. Ansaugung 6 Atm.	2200	4270,—
1 Lokomobile 33 PS Dauerleistung	2300	5830,—
insgesamt	4500	10100,—

Gerätekosten.

Lokomobile $a_0 = 12\%$ $b = 2500$ $A = 5830$ $g = 0{,}422$ M/Std.
Kompressor $a_0 = 15\%$ $b = 2500$ $A = 4270$ $g = 0{,}366$ M/Std.
Gerätekosten 0,788 M/Std.

oder 0,788 : 22 = 0,036 M pro 1 cbm Beton.

An- und Rücktransport.

4,5 t à 15,70 M. . . . . = 70,80 M.

Montage und Demontage der Anlage: 300 x.

Betriebsstoffe. Die Kosten pro Betriebsstunde belaufen sich bei Annahme eines Kohlenverbrauchs von 0,9 kg pro PS/Std. zu

33 · 0,9 = 29,7 kg Kohle zu 25 M./t . . . = 0,74 M.
für Öle und Schmiermittel . . . . 0,10 „
insgesamt für Betriebsstoffe . . . . 0,84 M.

oder pro 1 cbm Beton 0,84 : 22 = 0,038 M./cbm.

Gußbeton. Es kann mit folgender Belegschaft für die reinen Betonierarbeiten gerechnet werden:

1 Betonpolier,
2 Mann Silobedienung und Zementbeigabe,
1 „ Bedienung der Betonmaschine,
1 „ Bedienung der Aufzugswinde,
1 „ am Vorsilo zwischen Betonmaschine und Aufzugskübel,
1 „ am oberen Vorsilo des Gießturms,
5 „ Verteilen des Betons und zeitweises Verstellen und Unterstützen der Rinnen,

12 Mann Gesamtbelegschaft.

Somit ergibt sich pro 1 cbm Gußbeton ein Lohnstundenaufwand von

$$\underline{12:22 = 0{,}55 \text{ Std. pro cbm.}}$$

Es ergeben sich dann mit den vorstehend errechneten Kostenanteilen folgende Kostengleichungen, wenn mit T die für die Arbeit insgesamt erforderlichen qm Transportgerüst bezeichnet werden:

$$K_1 = 0{,}074 + \frac{70{,}80 + 300\,x}{Q} + 1{,}45\,x + \frac{T \cdot (2{,}4\,x + 0{,}30)}{Q},$$

$$K_2 = 0{,}325 + \frac{621{,}7 + 3450\,x}{Q} + 0{,}55\,x\,.$$

Die Grenzbetonmenge ergibt sich durch Gleichsetzung der rechten Seite der beiden Gleichungen und kann die Bedingungsgleichung in folgende Form gebracht werden:

$$Q = \frac{3150\,x + 550{,}9 - (2{,}4\,x + 0{,}30) \cdot T}{0{,}9\,x - 0{,}25}\,.$$

Diese Gleichung stellt für verschiedene Werte von T und x und Q als veränderlichen Größen die Grenzbetonmengenkurven vor, welche hyperbolischen Verlauf haben. Für $T = 0, 500, 1000$ ergeben sich folgende Grenzwerte für Q:

bei $T =$	0	500	1000 qm
für $x = 0{,}5$	10630	6880	3130 cbm
für $x = 1{,}0$	5692	3617	1542 cbm
für $x = 2{,}0$	4420	2775	1130 cbm
für $x = 4{,}0$	3926	2451	976 cbm.

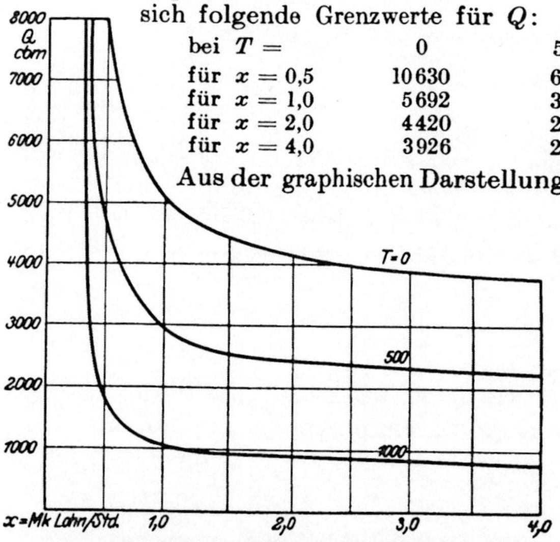

Abb. 26. Grenzbetonmengenkurve bei Verwendung einer 750-l-Gießturmanlage im Gußbetontiefbau.

Aus der graphischen Darstellung in Abb. 26 ist die Grenze ersichtlich, wo die Höhe des mittleren Stundenlohnes x liegt, wo durch den Gußbeton keine Ersparnisse gegenüber Stampfbeton mit Druckluftstampfung zu erzielen sind. Die Grenze (Asymptote) liegt bei $x = 0{,}278$, das heißt einem Lohnsatz wie er heute längst überschritten ist. Ebenso ist aus Gleichung für $T = 1300$ bis 1400 zu ersehen, daß auch für $\underline{x > 0{,}278}$ sich Grenzwerte für Q aus der Gleichung nicht ergeben, d. h. bei einer Betonarbeit mit 1300 bis 1400 qm erforderlichem Transportgerüst ist Gußbeton stets wirtschaftlicher.

Kostenersparnis mit dem Gußbetonverfahren. Die Kostenersparnisse, welche durch Verwendung einer 750-l-Gußbetonanlage gegenüber Stampfbeton mit Druckluftstampfung erzielt werden, sollen für eine Gesamtbetonmenge Q cbm als Funktion der drei veränderlichen Größen x, Q und T festgestellt werden.

Durch Abziehen der beiden Kostengleichungen K_1 und K_2 und Multiplikation mit Q erhält man folgende Gleichung für die Ersparnisse bei Q cbm Beton:

$$y = 0{,}9\,x\,Q + T \cdot (2{,}4\,x + 0{,}30) - 0{,}25\,Q - 550{,}9 - 3150\,x$$

oder $y = x \cdot (0{,}90\,Q + 2{,}4\,T - 3150) + 0{,}30\,T - 0{,}25\,Q - 550.9.$

Setzt man nun

$$z = 0{,}90\,Q + 2{,}4\,T - 3150, \tag{1}$$

$$\xi = 0{,}30\,T - 0{,}25\,Q - 550{,}9, \tag{2}$$

$$\eta = x \cdot z, \tag{3}$$

$$y = \xi + \eta, \tag{4}$$

so ist die Gleichung aufgelöst in vier Gleichungen und kann daher in einer vierteiligen Tafel graphisch dargestellt werden. In Abb. 27 läßt sich dann für beliebige Werte von x, Q und T die Ersparnis y zwischen den y-Kurven ablesen. Die Abbildung ist nur bis $Q = 50000$ cbm gezeichnet, was genügen dürfte und läßt sich natürlich auch für $T = 0$ benützen.

b) Gußbeton-Hochbauten.

Allgemeines und Grundlagen für die Wirtschaftlichkeitsberechnungen.

Es wurde bereits in der Einleitung in dem Abschnitt über die Auswahl der Gußbetonanlage erwähnt, daß ein ganz wesentlicher Unterschied besteht zwischen Gußbetonarbeiten bei Betontiefbauten mit verhältnismäßig großen Massen und der im Hochbau in Frage kommenden Betonierung von Geschoßdecken nebst Säulen und Unterzügen. Während im ersteren Fall auf eine verhältnismäßig kleine Fläche große Massen kommen, kommen im Hochbau auf verhältnismäßig große Flächen kleine Massen. Ein Hochbau mit einer Grundfläche von 3000 qm Grundrißfläche und einem Unter- und vier Obergeschossen darf wohl als umfangreicher Hochbau angesprochen werden und doch umfaßt ein solcher Hochbau von 15000 qm Deckenfläche für mittlere Deckenstärken von 0,12 bis 0,30 m (je nach den zugrunde gelegten Nutzlasten) nur Betonmengen von 1800 bis 4500 cbm, also Betonmengen, welche bei Betontiefbauten und den mittleren Stundenlöhnen, wie sie heute in Deutschland üblich sind, sich als Grenzbetonmengen ergeben haben. Man ersieht schon hieraus, daß man im Betonhochbau mit wesentlich geringen durchschnittlichen Tagesleistungen zu rechnen haben wird, wenn anders die Anlage zeitlich ausgenützt sein soll. Denn es müssen nach Betonie-

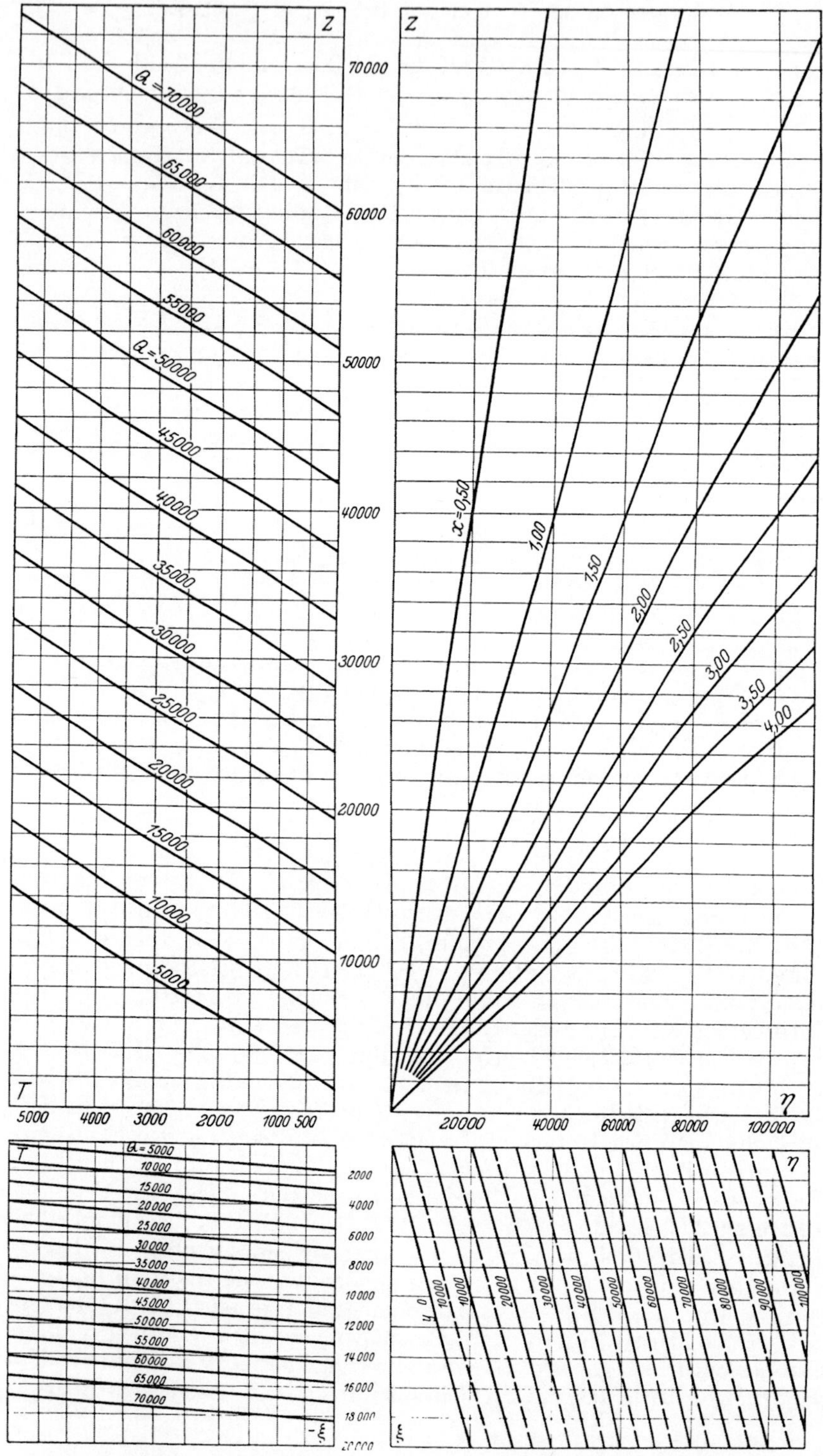

Abb. 27. Kostenersparnis y bei Verwendung einer 750-l-Gießturmanlage bei Gußbetontiefbauten.

rung der Decke eines Stockwerks erst die Mauerarbeiten zur nächsten Decke hochgeführt werden und die Einschalung des oberen Stockwerks vollendet sein, bevor wieder die neue Decke bzw. Teile davon gegossen werden können. Nimmt man beispielsweise für den oben erwähnten Hochbau an, der ganze Bau umfasse 2500 bis 4000 cbm Mauerwerk, d. h. es sind bei einem Erd- und vier Obergeschossen vor der Betonierung der Decke durchschnittlich 500 bis 800 cbm Mauerwerk zu mauern und die zu betonierende Decke mit Säulen und Unterzügen einzuschalen. Bei Annahme von 20 Maurern und einer Leistung von durchschnittlich 2 cbm in 10 Std. würde diese Arbeit 13 bis 20 Arbeitstage erfordern. Bis zum vierten Obergeschoß wären also an Bauzeit 65 bis 100 Arbeitstage erforderlich. Auch die Schalarbeit erfordert, wenn man nicht durch übergroße Belegschaft unrationell arbeiten will, eine gewisse Zeit: Rechnet man die Schalung für 1 qm Geschoßdecke einschl. Säulen und Unterzügen (je nach Säuleneinteilung, Höhe der Nutzlast usw.) zu 1,6 bis 2,2 qm pro 1 qm Deckenfläche, so ergeben sich pro 1 Stockwerk $1{,}6 \cdot 3000$ bis $2{,}0 \cdot 3000 = 4800$ bis 6000 qm Schalfläche. Bei einer Durchschnittsleistung eines Zimmerers von 10 qm in 10 Std. und mit 35 Zimmerleuten als Belegschaft, ergibt sich eine Tagesleistung von 350 qm und eine Zeitdauer der Einschalung für ein Stockwerk von 14 bis 17 Arbeitstagen, also etwa dieselbe Zeit wie für das Mauern eines Stockwerkes. Legt man nun 22 bis 30 Tage zugrunde, so ist für die Betonierung der fünf Stockwerke eine Zeit von 110 bis 150 Arbeitstagen erforderlich, was bei den oben angegebenen Betonmengen einer täglichen Durchschnittsleistung von $\frac{1800}{110}$ bis $\frac{4500}{150}$, d. h. 17 bis 30 cbm entspricht. Würde man also eine 500-l-Anlage verwenden, welche bei Annahme von 20 Spielen pro Stunde ca. 75 cbm in 10 Std. leistet, so würde die Anlage auf einen Tag, an dem betoniert wird, 4 bzw. $1^1/_2$ Tage stillstehen. Bei kleinen Deckenstärken wird es schon schwierig sein, die mögliche Leistung einer 500-l-Anlage einzubauen. Dieser Umstand und der große Einfluß der Montagekosten bei den verhältnismäßig kleinen Betonmassen weisen mit gebieterischer Notwendigkeit auf die Verwendung kleinerer Anlagen im Hochbau hin, d. h. auf Gießmaste von 250-l- bei kleineren, 350-l- bei größeren und 500-l-Aufzügen bei größten Anlagen. Es wäre die Frage zu prüfen, ob sich die Gießmaste auch für Schnellaufzugswinden bauen lassen, wodurch erforderlichenfalls eine Erhöhung der Leistung erzielt würde. In Amerika kamen Gießmaste schon vor Jahren bei Hochbauten mit Vorteil zur Verwendung, womit nicht gesagt sein soll, daß man amerikanische Verhältnisse auf den Kontinent übertragen könne, wo die Lohnverhältnisse ganz andere sind. Aber doch weist diese Tatsache daraufhin, daß auch in Amerika die Erfahrung gemacht wurde, daß im Hochbau die leichteren Gießmaste wirtschaftlicher sind als schwere Gießtürme mit Fliegerkonstruktion. Denn auch mit einem 500-l-Aufzug lassen sich nach den praktischen Erfahrungen im Eisenbetonbau bei durchschnittlichen Deckenstärken von 0,12 bis 0,20 m nicht mehr als 60 bis 80 cbm Beton in 10 Std. einbringen, welche Leistung bei kleineren Anlagen bei Verwendung von größeren Aufzugsgeschwindigkeiten bzw. eines Vorsilos oder eines Doppelaufzugs ebenfalls leicht zu erreichen sind. Das Bestreben der Maschinenfabriken muß dahin gehen, besonders für Hochbauten, wo bei den geringen Massen die Einrichtungskosten der Anlage (Montage, Demontage, Fracht, An- und Rückfuhr) eine viel größere Rolle spielen als im Tiefbau, möglichst leichte und durch Normalisierung leicht aufstellbare Gießmaste mit Aufzugsgeschwindigkeiten von 0,8 bis 1,0 m/Sek. zu bauen. Gleichzeitig müßte diese Anlage für möglichst große Arbeitsradien gebaut werden.

Wahl der Gußbetoneinrichtungen für Hochbauten.

Die Wahl der Gußbetoneinrichtungen für Hochbauten hängt außer den bereits erwähnten Faktoren vor allem vom Grundriß des Bauwerks ab. Danach entscheidet sich auch in erster Linie die Anzahl der zur Verwendung kommenden Gießmaste oder Gießtürme, da man mit dem Aktionsradius natürlich beschränkt ist. Am ungünstigsten sind schmale langgestreckte Gebäude, günstiger hufeisenförmige Querschnitte und am günstigsten Querschnitte mit einem inneren Hofraum von quadratischem Grundriß, wobei ein einziger Turm, wie aus Abb. 28 ersichtlich, eine verhältnismäßig große Fläche bestreichen kann. Zunächst ist die Anzahl der Gießmaste zu bestimmen, wobei man stets abzuwägen hat, ob es vorteilhafter ist, mehr Maste mit kleineren Arbeitsradien oder weniger Maste mit größeren Arbeitsradien zu wählen. Die Größe der Anlage richtet sich ferner auch nach den Deckenstärken, d. h. nach den Betonmassen, welche auf 1 qm Decke entfallen. Ein genaues nach diesen ersten Ermittlungen aufgestelltes Arbeitsprogramm wird klärend auf die Zweckmäßigkeit der erstgewählten Anlage wirken, unter Umständen Abänderungen verlangen und dann erst ist es möglich, sich über die Wirtschaftlichkeit der Anlage oder die Wirtschaftlichkeit zweier verschiedener Arbeitsmöglichkeiten Rechenschaft zu geben.

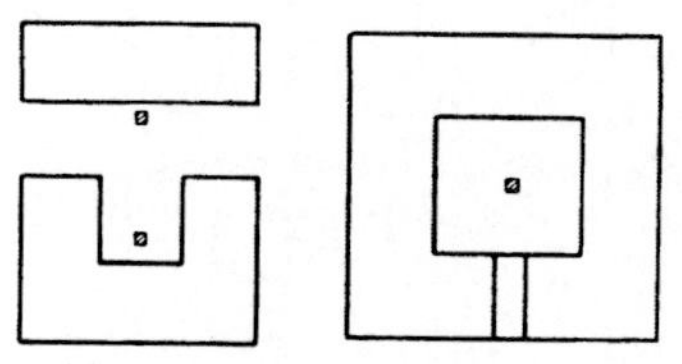

Abb. 28. Gußbetonanlagen im Hochbau bei verschiedenen Gebäudegrundrissen.

Von Bedeutung bei der Auswahl der Anlage ist auch die zur Verfügung stehende Bauzeit. Bei sehr kurzer Bauzeit lassen sich natürlich die Vorbereitungsarbeiten (Maurer- und Schalungsarbeiten), wenn auch wohl meist etwas auf Kosten der Wirtschaftlichkeit, beschleunigen und dann auch größere Anlagen zum Gießen verwenden, trotz der höheren Einrichtungskosten. So kamen in Amerikaa für große Hochbauten mit kurzer Bauzeit, wobei allerdings auch die Umfassungswände in Beton gegossen wurden, Gießtürme mit 750-l-Aufzug zur Verwendung (Hospital der Universität von Chicago).

Ist die Wahl der Anlage getroffen, so läßt sich die Anzahl cbm Beton, welche auf einen Gießturm entfallen, bestimmen und nun bei einer bestimmten Betonmenge pro qm, welche durch das Maß d (mittlere Deckenstärke) ausgedrückt wird, aus den im Anschluß an die folgenden Wirtschaftlichkeitsberechnungen aufgestellten graphischen Tafeln die Ersparnisse bei Q cbm und einem mittleren Stundenlohn x ermitteln. Den Wirtschaftlichkeitsberechnungen vorausgehen möge noch eine Feststellung allgemeiner Art über Gußbetonanlagen im Hochbau betr. die Gerätekosten.

Bestimmung der Gerätekosten.

Zur Bestimmung der Gerätekosten bei Gußbetonhochbauten ist vor allem erforderlich die Kenntnis der Zeitdauer, welche die Anlage im Betriebe ist. Diese Zeit hängt nach den früheren Ausführungen in der Hauptsache von der durchschnittlichen Deckenstärke d ab. Diese Deckenstärke schwankt bei Ausführung der Umfassungswände in Mauerwerk zwischen 0,13 bis 0,30 cbm pro 1 qm, entsprechend Nutzlasten von 300 bis 1800 kg/qm. Die Anzahl der Betriebsstunden für $d = 0{,}13$ bzw. $d = 0{,}30$ wird nur unter Benützung der in dem Beispiel S. 57 ermittelten täglichen Durchschnittsleistungen von 17 bzw. 30 cbm bei Annahme einer durchschnittlichen Tagesleistung von 70 cbm, wie folgt, ermittelt:

$d = 0{,}13$: Bei der früher ermittelten durchschnittlichen täglichen Leistung von 17 cbm ergibt sich die Anzahl der Betriebsstunden zu $\frac{17 \cdot 10}{70} = 2{,}43$ Std. täglich und bei 250 Arbeitstagen im Jahre 600 Betriebsstunden im Jahre.

$d = 0{,}30$: Mit der früher ermittelten Durchschnittsleistung pro Zehnstundentag von 30 cbm ergibt sich die Anzahl der Betriebsstunden pro Tag zu $\frac{30 \cdot 10}{70} = 4{,}28$ Std. oder bei 250 Arbeitstagen im Jahre 1070 Betriebsstunden im Jahre.

Aus den beiden Grenzwerten für $d = 0{,}13$ und $d = 0{,}30$ wird ganz allgemein für eine Deckenstärke d eine Formel für die Betriebsstunden b abgeleitet.

$$b = 600 + (d - 0{,}13) \cdot 2770$$

oder

$$b = 240 + 2770 \cdot d \tag{1}$$

Dabei ist allerdings vorausgesetzt, daß die Anlage das ganze Jahr über (250 Tage) im Betrieb ist. Wo dies nicht der Fall ist, dürfte nur mit einem Teil dieser Betriebsstunden gerechnet werden. In den folgenden Wirtschaftlichkeitsberechnungen ist die Möglichkeit einer ständigen Verwendung der Anlage vorausgesetzt.

Im ersten Teil der Abhandlung wurde für die Gerätekosten von der Gerätegruppe $a_0 = 25\%$, welcher Gußbetonanlagen angehören, folgender Wert ermittelt:

$$g = \frac{A}{b} \cdot \frac{+\,3700 + b}{20000}. \tag{2}$$

Führt man nun als Wert g in die Berechnung die Gerätekosten pro 10000 M. Anlagewert ein, so ergeben sich für $A = 10000$ und durch Einsetzen von Gleichung (1) in Gleichung (2) folgende Gerätekosten:

$$g = \frac{394 + 277\,d}{48 + 554\,d} \qquad \begin{array}{l} g \text{ i. M.} \\ d \text{ i. m.} \end{array} \tag{3}$$

Dieser Wert wird nach Ermittelung des Anlagewertes einer Gießturmanlage den weiteren Berechnungen zugrunde gelegt.

Zunächst wird eine 350-l-Gießmastanlage mit außerhalb des Turms laufendem Aufzugskübel mit einer Aufzugsgeschwindigkeit von $v = 0{,}5$ m pro Sekunde bei 17,5 m Betonierhöhe (5 Stockwerke à 3,5 = 17,5) und einem Arbeitsradius von 25 m untersucht werden, als zweite Anlage eine Gießmastanlage mit innen laufendem Aufzugskübel von 350 l und Schnellaufzugswinde mit $v = 1{,}0$ m pro Sekunde für einen Arbeitsradius von 25 m und einer Betonierhöhe von 17,5 m.

Es sei noch bemerkt bezüglich der Konsistenz des Betons, daß Beton im Hochbau bis jetzt meist in plastischem Zustand eingebracht wurde und daher der Wirtschaftlichkeitsvergleich ein Vergleich zwischen Gußbeton und plastischem Beton ist.

Der 350-l-Gießmast $v = 0{,}5$ m/Sek. $h = 17{,}5$ m. $R = 25$ m.

Mit den früheren Bezeichnungen erhält man das erforderliche $H = 17{,}5 + 0{,}57 \cdot 25 + 6 = 37$ m. H wird zu 40 m gewählt. Eine solche Anlage findet für kleinere Betonierarbeiten im Hochbau mit Vorteil Verwendung, in erster Linie zur Betonierung von Eisenbetondecken mit nicht allzu großer räumlicher Ausdehnung. Die Berechnung ist in derselben Weise wie die früheren Berechnungen durchgeführt:

Gerätekosten der Gießmastanlage. Man kann Kosten und Gewichte der Anlage wie folgt annehmen:

	Gewicht kg	Anlagewert M.
1 kompl. Gießmast $H = 40$ m . . .	7000	6490,—
1 Aufzugswinde 1000 kg Zugkraft	800	650,—
1 Kabelwinde (für Schlitten) . . .	300	220,—
8 m Rinnen zur Verlängerung . . .	120	150,—
1 Antriebsmotor 10 PS	240	700,—
insgesamt	8460	8210,—

Die Gerätekosten betragen für einen Anlagewert von 8210 M. $0{,}821 \cdot g$ pro 1 Betriebsstunde oder pro 1 cbm Beton bei 6 cbm Stundenleistung $\underline{0{,}14 \cdot g}$, wobei g aus Gleichung (3) S. 59 einzusetzen ist.

An- und Rücktransport sowie Montage und Demontage der Anlage. Mit denselben Annahmen wie auf S. 40 und 52 erhält man:

An- und Rücktransport insgesamt . . .	6,— M./t
Hin- und Rückfracht 100 km	9,70 „
Insgesamt für An- und Rücktransport .	15,70 M./t

somit für 8,5 t Gewicht à 15,70 M. = $\underline{133{,}45 \text{ M.}}$

Für Montage und Demontage des Gießmasts können gerechnet werden:

Montage:	1 Monteur 80 Std. =	80 Std.
	5 Mann à 30 Std. =	150 Std.
Demontage	. . . .	100 Std.
		330 x

Betriebsstoffe. Legt man 6 cbm stündliche Leistung zugrunde, sowie eine mittlere Aufzugshöhe von 30 m, so dauert das Aufziehen des Aufzugskübels, was im wesentlichen Strom verbraucht, bei Annahme der

Verwendung eines Elektromotors $\frac{30}{0,5} = 60$ Sek. $= 1$ Min. Eine Leistung von 6 cbm entspricht nun durchschnittlich 25 Spielen à 0,24 cbm fester Masse in der Stunde. Das Aufziehen erfordert also nur $\frac{25}{60} = \frac{1}{2,3}$ der Leistung des Motors. Es sei mit einem Faktor von 0,5, für den tatsächlichen Stromverbrauch gerechnet, d. i. $10 \cdot 0,8 \cdot 0,5 = 4$ kW/Std. Mit einem Strompreis von 0,15 M./kWStd. Stromkosten pro Betriebsstunde: $4 \cdot 0,15 = 0,60$ M./Std. oder pro 1 cbm Beton:

Stromkosten.	0,10 M./1 cbm
Öle und Schmiermittel. . . .	0,05 „ „
	0,15 M./1 cbm.

Löhne. Man kann annehmen, daß bei Herstellung von plastischem Deckenbeton im Vergleich zu Deckengußbeton der Lohnstundenaufwand für Antransport der Materialien zur Mischmaschine, Hochziehen im Aufzug bzw. im Gießturm bis zur Ankunft des Betons auf der zu betonierenden Decke derselbe sei, eine Annahme, die noch etwas zu ungunsten des Gußbetons ausfällt. Im folgenden sind daher nur die Ersparnisse an Transport- und Einbaukosten in Betracht gezogen.

Plastischer Beton. Da der Beton auf der Decke verkarrt werden muß, was besonders bei ausgedehnten Flächen sehr umständlich ist, ist man mit dem Einbringen der Massen beschränkt. Man kann mit einer Kolonne von 10 Mann für Transport und Einbau des Betons etwa mit dem Einbau von 2 cbm pro Stunde rechnen. Dies entspricht einem Lohnstundenaufwand von 5,0 Std. pro cbm.

Gußbeton. Die Transportkosten entfallen beim Gußbeton. Beim Einbau sind erforderlich 5 bis 6 Mann, rechnet man mit letzterem Wert und einer Leistung von 6 cbm, welche 25 Spielen entspricht, so ist der Lohnstundenverbrauch für Transport und Einbau: 1,0 Std. pro cbm. Die Ersparnis an Lohnstunden ist also $4\,x$.

Diese Gegenüberstellung ändert sich auch bei Änderung der Deckenstärke sehr wenig, so daß dieser Wert den Wirtschaftlichkeitsberechnungen im Hochbau zugrunde gelegt werden kann. Liegen jedoch bestimmte Gründe vor, daß dieser Wert in einem einzelnen Falle nicht zutrifft, so ist diesem Umstand durch Einführung einer veränderlichen Lohnstundenersparnis von $a \cdot x$ später Rechnung getragen.

Kostengegenüberstellung für plastischen Beton und Gußbeton. Da man nun auch beim plastischen Deckenbeton mit einem Aufzug zu rechnen hat, so sind bei der folgenden Kostengegenüberstellung beim plastischen Beton die Kosten der Montage und Demontage des Aufzugs zu $130\,x$ eingesetzt. Es ergeben sich dann folgende Kostengleichungen:

$$K_{\text{plast.}} = \frac{130\,x}{Q} + 5\,x,$$

$$K_{\text{guss.}} = 0,14\,g + 0,15 + \frac{330\,x + 133,45}{Q} + 1\,x$$

und als **Gleichung für die Grenzbetonmenge** Q ergibt sich durch Gleichsetzen der beiden Kostenwerte:

$$\underline{0{,}14\,g + 0{,}15 + \frac{200\,x + 133{,}45}{Q} - 4\,x = 0\,.}$$

Für verschiedene Werte von d von 0,12 bis 0,30 ergeben sich dann folgende zugehörigen Werte von $0{,}14\,g$:

$\underline{d = 0{,}12}$ $g = 3{,}72$ $0{,}14\,g = \underline{0{,}52}$,
$\underline{d = 0{,}15}$ $g = 3{,}30$ $0{,}14\,g = \underline{0{,}46}$,
$\underline{d = 0{,}20}$ $g = 2{,}84$ $0{,}14\,g = \underline{0{,}40}$,
$\underline{d = 0{,}25}$ $g = 2{,}50$ $0{,}14\,g = \underline{0{,}35}$,
$\underline{d = 0{,}30}$ $g = 2{,}20$ $0{,}14\,g = \underline{0{,}31}$.

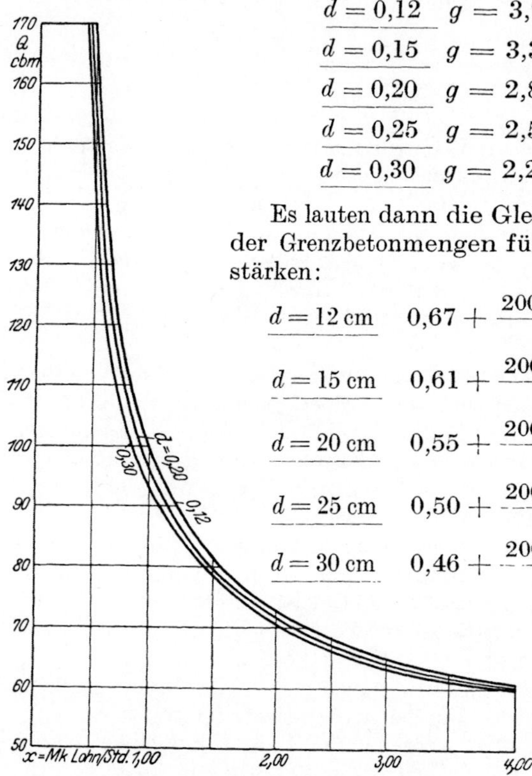

Abb. 29. Grenzbetonmengenkurven für Gußbetonhochbauten bei Verwendung einer 350-l-Gießmastanlage.

Es lauten dann die Gleichungen zur Bestimmung der Grenzbetonmengen für die angeführten Deckenstärken:

$\underline{d = 12\text{ cm}}$ $\quad 0{,}67 + \frac{200\,x + 133{,}45}{Q} - 4\,x = 0$,

$\underline{d = 15\text{ cm}}$ $\quad 0{,}61 + \frac{200\,x + 133{,}45}{Q} - 4\,x = 0$,

$\underline{d = 20\text{ cm}}$ $\quad 0{,}55 + \frac{200\,x + 133{,}45}{Q} - 4\,x = 0$,

$\underline{d = 25\text{ cm}}$ $\quad 0{,}50 + \frac{200\,x + 133{,}45}{Q} - 4\,x = 0$,

$\underline{d = 30\text{ cm}}$ $\quad 0{,}46 + \frac{200\,x + 133{,}45}{Q} - 4\,x = 0$.

Für diese Werte von d sind die Grenzbetonmengenkurven mit Q und x als veränderliche Größen in Abb. 29 aufgezeichnet. Man erhält die Grenzwerte Q bei den einzelnen Deckenstärken wie folgt:

$\underline{d = 0{,}12\text{ cm}}$

$x = 0{,}25$ Grenzwert $Q = 560$ cbm $= 4650$ qm Deckenfläche
$x = 0{,}50$ „ $Q = 176$ „ $= 1460$ „ „
$x = 1{,}00$ „ $Q = 100$ „ $= 830$ „ „
$x = 2{,}00$ „ $Q = 73$ „ $= 610$ „ „
$x = 3{,}00$ „ $Q = 65$ „ $= 540$ „ „
$x = 4{,}00$ „ $Q = 61$ „ $= 510$ „ „

$d = 0,15$ cm

$x = 0,25$	„	$Q = 470$ cbm	$= 3130$ qm	Deckenfläche
$x = 0,50$	„	$Q = 167$ „	$= 1100$ „	„
$x = 1,00$	„	$Q = 98$ „	$= 650$ „	„
$x = 2,00$	„	$Q = 72,5$ „	$= 483$ „	„
$x = 3,00$	„	$Q = 64,5$ „	$= 430$ „	„
$x = 4,00$	„	$Q = 60,6$ „	$= 403$ „	„

$d = 0,20$ cm

$x = 0,25$	Grenzwert	$Q = 408$ cbm	$= 2040$ qm	Deckenfläche
$x = 0,50$	„	$Q = 161$ „	$= 805$ „	„
$x = 1,00$	„	$Q = 96,5$ „	$= 482$ „	„
$x = 2,00$	„	$Q = 71,5$ „	$= 356$ „	„
$x = 3,00$	„	$Q = 64,0$ „	$= 320$ „	„
$x = 4,00$	„	$Q = 60,4$ „	$= 302$ „	„

$d = 0,25$ cm

$x = 0,25$	Grenzwert	$Q = 367$ cbm	$= 1468$ qm	Deckenfläche
$x = 0,50$	„	$Q = 155$ „	$= 620$ „	„
$x = 1,00$	„	$Q = 95,5$ „	$= 382$ „	„
$x = 2,00$	„	$Q = 71,5$ „	$= 286$ „	„
$x = 3,00$	„	$Q = 63,7$ „	$= 255$ „	„
$x = 4,00$	„	$Q = 60,3$ „	$= 241$ „	„

$d = 0,30$ cm

$x = 0,25$	Grenzwert	$Q = 340$ cbm	$= 1133$ qm	Deckenfläche
$x = 0,50$	„	$Q = 151$ „	$= 503$ „	„
$x = 1,00$	„	$Q = 94$ „	$= 313$ „	„
$x = 2,00$	„	$Q = 71$ „	$= 237$ „	„
$x = 3,00$	„	$Q = 63,5$ „	$= 212$ „	„
$x = 4,00$	„	$Q = 60$ „	$= 200$ „	„

Aus den Tabellenwerten und der graphischen Darstellung in Abb. 29 ersieht man, daß die Grenzbetonmenge nur in geringem Maße von der Deckenstärke abhängt, zumal bei den heute in Frage kommenden Lohnsätzen. Bei 1,— M. mittlerem Stundenlohn ist z. B. die Grenzbetonmenge bei $d = 0,12$ 100 cbm gegenüber 94 cbm bei $d = 0,30$ m, das ist ein Unterschied von nur 6%. Bei höheren Löhnen ist der Unterschied noch geringer, so bei $x = 4,0$ nur 1,7%.

Durch Subtraktion der beiden Kostengleichungen, S. 61, $K_{plast.} - K_{guss.}$ erhält man die Ersparnis pro 1 cbm bei einer Gießmastanlage. Die Ersparnis y für Q cbm erhält man demzufolge durch Multiplikation der erhaltenen Differenzen mit Q:

$$y = x \cdot (a \cdot Q - 200) - Q \cdot (0,14\, g + 0,15) - 133,45.$$

Statt der ersparten Lohnstunden 4 x wurden hier allgemein $a \cdot x$ Lohnstundenersparnis in die Rechnung eingeführt mit a als veränderlicher Größe, welche aber erfahrungsgemäß im Hochbau innerhalb enger

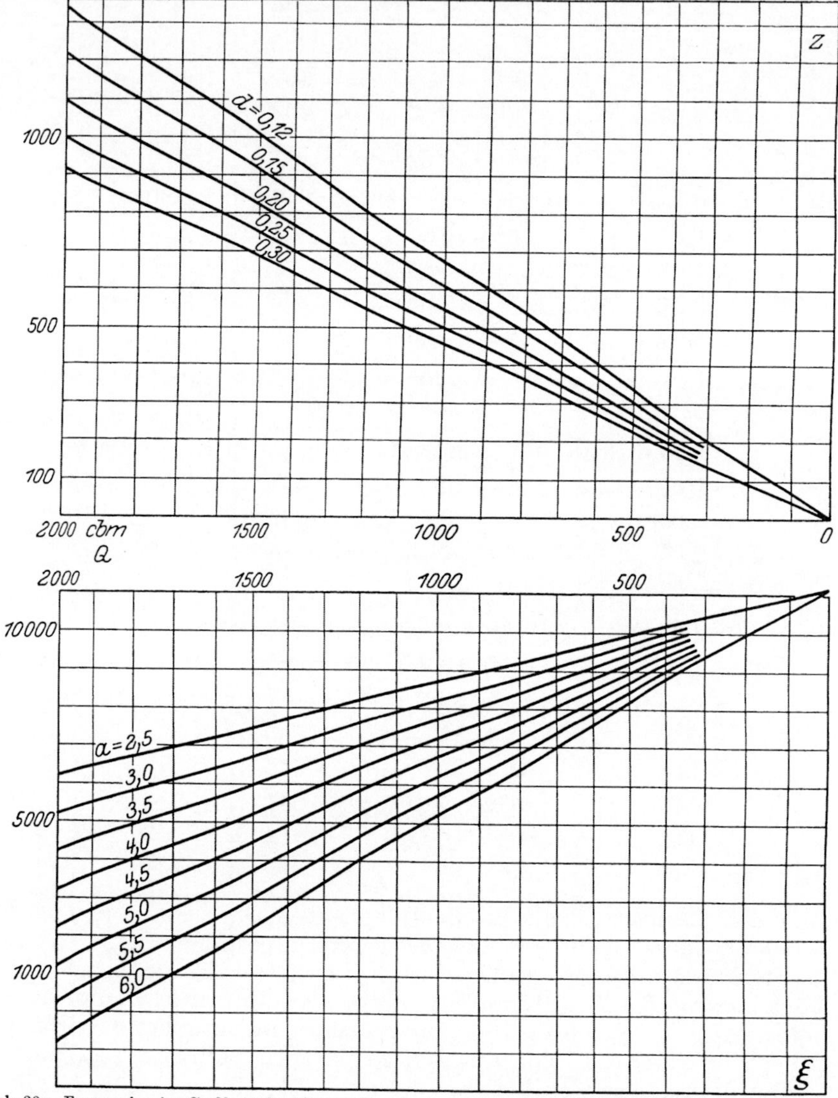

Abb. 30a. Ersparnis y im Gußbetonhochbau bei Verwendung einer 350-l-Gießmastanlage $v = 0{,}5$ m/Sek.

Grenzen schwankt. Durch die Einführung der Lohnstundenersparnis als veränderliche Größe hat man es in der Hand, sich dem jeweiligen Objekt anzupassen.

Um obige Gleichung graphisch zur Darstellung zu bringen, löst man sie auf in vier Gleichungen.

$$z = Q\,(0{,}14\,g + 0{,}15), \tag{1}$$

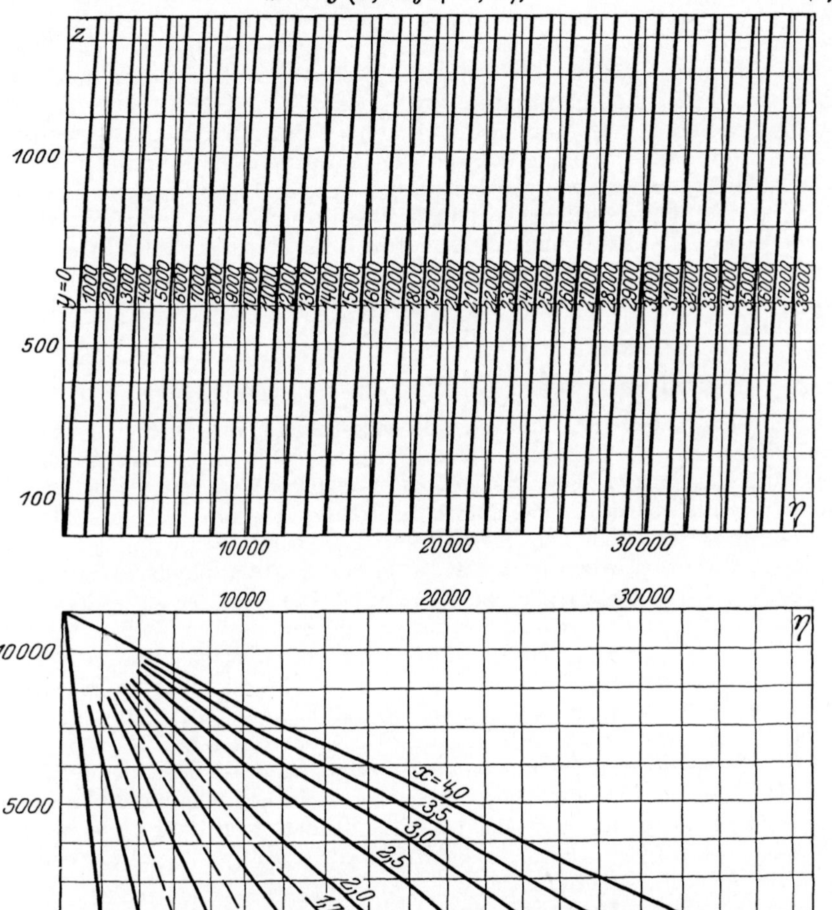

Abb. 30 b.

$$\xi = a \cdot Q - 200, \tag{2}$$

$$\eta = x \cdot \xi, \tag{3}$$

$$y = \eta - z - 133{,}45. \tag{4}$$

Mit Hilfe dieser vier Gleichungen wurde die vierteilige Abb. 30 gezeichnet, aus der für eine bestimmte Betonmasse Q, welche auf **einen** Gießmast entfällt und für eine bestimmte Deckenstärke d bei einer je nach dem Bauobjekt anzunehmenden Stundenersparnis und bestimmten mittleren Stundenlohn sofort die **Ersparnis** y in **Mark** entnommen werden kann. Diese Abbildung dürfte für alle bei Gießmasten von 350 l vorkommenden Fällen ausreichen, da auf eine Anlage kaum mehr als 2000 cbm auch bei günstigsten Verhältnissen entfallen dürften. Die Abbildung ließe sich im übrigen auch sehr leicht erweitern. Die weitere Anwendung der Abbildung ist nach dem Vorausgehenden ohne weiteres verständlich. Liegen z. B. 3000 cbm bei einem Hochbau zu betonieren vor und macht der Grundriß des Gebäudes zwei Gießmaste erforderlich, so wird die Ersparnis einer Anlage für 1500 cbm der Abbildung entnommen, nachdem man den Wert von a nach der Art des Bauobjektes und den örtlichen Verhältnissen entsprechend schätzungsweise festgestellt hat.

Der 350-l-Gießmast $v = 1{,}0$ m/Sek. $h = 17{,}5$ m. $R = 25$ m.

Dies ist dieselbe Anlage, wie die vorstehend untersuchte, nur mit dem Unterschied, daß eine Schnellaufzugswinde mit einer Aufzugsgeschwindigkeit des Fahrkübels von $v = 1{,}0$ m/Sek. zur Verwendung kommt. Eine solche Anlage müßte allerdings mit innerhalb des Turms laufendem Fahrkübel gebaut werden. Sie könnte aber immer noch leichter gebaut werden als ein etwa gleich leistungsfähiger Gießturm für einen 500-l-Aufzug mit $v = 0{,}50$ m/Sek. Die im folgenden angegebenen Gewichte und Preise sind geschätzt, und zwar ist ein Zwischenwert zwischen einer gebräuchlichen 350-l- und 500-l-Anlage gewählt. Der Hauptvorzug einer solchen Anlage würde dann weniger in der Kostenersparnis bei der Anlage selbst, sondern vielmehr in der leichteren und billigeren Montage gegenüber einer 500-l-Anlage bestehen.

Die Montage- und Demontagekosten sind für die Anlage zu 650 Std. angenommen, so daß also bei Annahme der Verwendung eines Aufzugs bei dem zum Vergleich stehenden plastischen Beton mit 150 Lohnstunden Montagekosten $500 \cdot x$ als Mehrkosten für die Montage in der Vergleichskostenrechnung einzuführen sind.

Die **Leistungsfähigkeit** einer solchen Anlage würde etwa wie folgt ermittelt: Legt man bei einer Turmhöhe von 40,0 m ungünstigerweise die Betonierung des obersten Stockwerkes zugrunde, so ergibt sich hierfür ein Weg des Fahrkübels von 40 — 6 = 34 m und demnach bei einer Aufzugsgeschwindigkeit des Kübels von $v = 1{,}0$ m/Sek. und einer Rücklaufgeschwindigkeit von $v = 4$ m/Sek. die Zeitdauer der einzelnen Arbeitsvorgänge etwa wie folgt:

Füllen des Kübels		25 Sek.
Auffahrt des Kübels 34 : 1,0 . . .	=	34 „
Entleeren des Kübels.		20 „
Abfahrt des Kübels 34 : 4	=	9 „
		88 Sek.
Zuzüglich für Unterbrechungen 30%	=	25 „
		113 Sek.

Es ergeben sich somit $\frac{360}{133} = 32$ Spiele pro Stunde, d. h. bei Rechnung einer Füllung von 0,25 cbm fester Masse eine Leistung von 8 cbm pro Stunde. Diese Anlage würde mit ihren größeren Leistungen in erster Linie für die größeren Deckenstärken von $d = 0{,}20$ bis 0,30 m in Frage kommen. Da die Grenzbetonmengen hier nach dem Ergebnis der vorangehenden Untersuchung sehr wenig differieren, nimmt man die Gerätekosten nicht mehr veränderlich an, sondern es wird ein mittlerer Wert, und zwar die $d = 0{,}25$ m Deckenstärke zugehörigen Gerätekosten pro cbm als Konstante angesetzt und nur die drei Größen x, Q und a als veränderliche Größen belassen. Man erhält mit dem gleichen Rechnungsvorgang wie früher:

Gerätekosten.

	Gewicht kg	Neuwert der Anlage M.
1 kompl. Gießmastanlage 350 l . .	7000	6600,—
1 Schnellaufzugswinde $v = 1{,}0$ . .	1000	3500,—
8 m Rinnenverlängerung	120	150,—
1 Antriebsmotor 20 PS	900	2800,—
Insgesamt	9020	13050

Die Gerätekosten betragen demnach $1{,}30 \cdot g$ und bei einer Leistung von 8 cbm/Std. $0{,}163\,g$ pro cbm. Für $d = 0{,}25$ ist aber $g = 2{,}50$, somit die Gerätekosten pro cbm 0,41 M.

An- und Rücktransport, Montage und Demontage. Mit denselben Annahmen wie früher erhält man:

9,02 t à 15,70 M. = 141,60 M.

Montage und Demontage $650\,x$.

Betriebsstoffverbrauch. Der 20-PS-Motor wird nur zu etwa 40% ausgenützt werden, so daß sich folgender Stromverbrauch ergibt:

$20 \cdot 0{,}8 \cdot 0{,}4 = 6{,}4$ kW/Std. à 0,15 M. = 0,96 M./Betriebsstunde

oder entsprechend der Leistung von 8 cbm:

Stromverbrauch pro cbm.	0,12 M.
Für Öle, Schmiermittel.	0,03 „
	0,15 M./cbm

Löhne. Legt man für die Lohnersparnis die beim 1. Gießmast zu $4\,x$ errechnete Ersparnis zugrunde, bzw. führt man die Anzahl der ersparten Lohnstunden nachher wieder als veränderliche Größe a ein, so ergeben sich für eine Lohnstundenersparnis von $4\,x$ bzw. von $a\,x$ folgende Bedingungsgleichungen für die Grenzbetonmenge Q:

$$0{,}41 + 0{,}15 + \frac{500\,x + 141{,}6}{Q} - 4\,x = 0$$

oder

$$0{,}56 + \frac{500\,x + 141{,}6}{Q} - 4\,x = 0 \qquad (1)$$

bzw.

$$0{,}56 + \frac{500\,x + 141{,}6}{Q} - a \cdot x = 0\,. \qquad (2)$$

Die Grenzbetonmengenkurven sind nun in Abb. 31 für verschiedene Werte von a von 3,0 bis 5,0 graphisch aufgetragen. Es ergeben sich nämlich aus Gleichung (2) folgende zusammengehörigen Werte von x und Q:

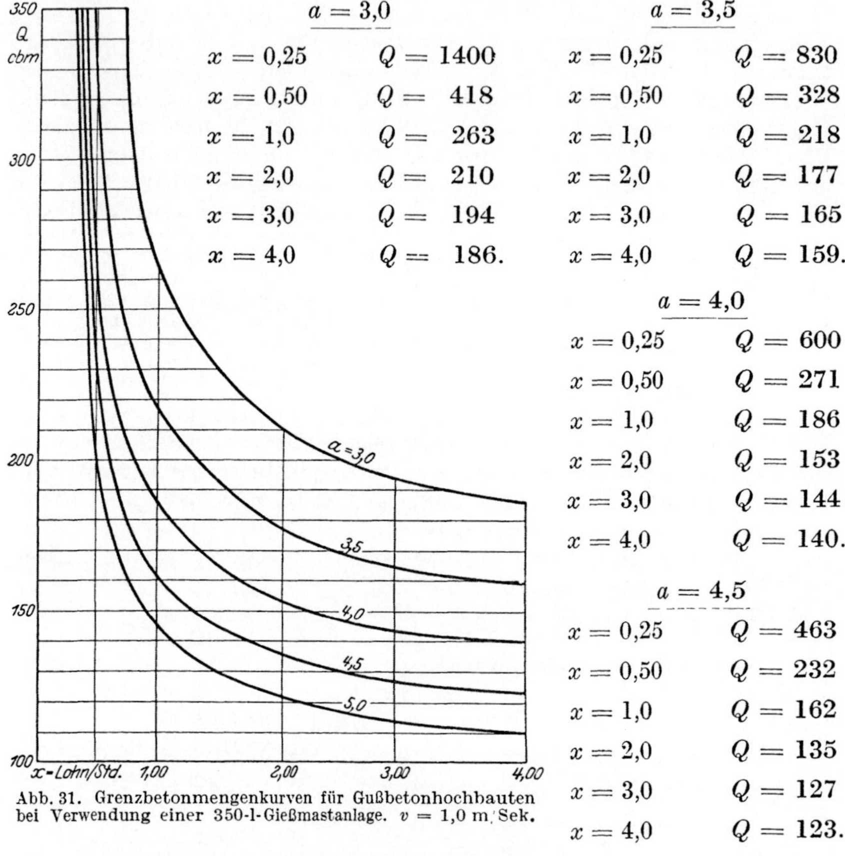

Abb. 31. Grenzbetonmengenkurven für Gußbetonhochbauten bei Verwendung einer 350-l-Gießmastanlage. $v = 1{,}0$ m/Sek.

$a = 3{,}0$

$x = 0{,}25$	$Q = 1400$
$x = 0{,}50$	$Q = 418$
$x = 1{,}0$	$Q = 263$
$x = 2{,}0$	$Q = 210$
$x = 3{,}0$	$Q = 194$
$x = 4{,}0$	$Q = 186.$

$a = 3{,}5$

$x = 0{,}25$	$Q = 830$
$x = 0{,}50$	$Q = 328$
$x = 1{,}0$	$Q = 218$
$x = 2{,}0$	$Q = 177$
$x = 3{,}0$	$Q = 165$
$x = 4{,}0$	$Q = 159.$

$a = 4{,}0$

$x = 0{,}25$	$Q = 600$
$x = 0{,}50$	$Q = 271$
$x = 1{,}0$	$Q = 186$
$x = 2{,}0$	$Q = 153$
$x = 3{,}0$	$Q = 144$
$x = 4{,}0$	$Q = 140.$

$a = 4{,}5$

$x = 0{,}25$	$Q = 463$
$x = 0{,}50$	$Q = 232$
$x = 1{,}0$	$Q = 162$
$x = 2{,}0$	$Q = 135$
$x = 3{,}0$	$Q = 127$
$x = 4{,}0$	$Q = 123.$

$a = 5{,}0$

$x = 0{,}25$	$Q = 385$	$x = 2{,}0$	$Q = 121$
$x = 0{,}50$	$Q = 202$	$x = 3{,}0$	$Q = 114$
$x = 1{,}0$	$Q = 145$	$x = 4{,}0$	$Q = 110.$

Die Ersparnisse y gegenüber dem Einbringen von plastischem Deckenbeton für eine Betonmenge Q ergeben sich dann zu:

$$y = a - x \cdot Q - 0{,}56\, Q - 500\, x - 141{,}6$$

oder

$$y = Q \cdot (a \cdot x - 0{,}56) - (500\, x + 141{,}6).$$

Setzt man in dieser Gleichung:

$$z = a \cdot x - 0{,}56, \tag{1}$$

$$\eta = 500\, x + 141{,}6\,, \tag{2}$$

$$\xi = Q \cdot z, \tag{3}$$

$$y = \xi - \eta\,, \tag{4}$$

so erhält man bei graphischer Darstellung eine vierteilige Tafel, wie sie Abb. 32 darstellt, wo für beliebige Werte von a, x und Q die Ersparnis y aus der Abbildung abzulesen ist.

Ein Vergleich der beiden y-Gleichungen für die beiden 350-l-Anlagen ergibt:

$$y_1 = Q \cdot (a_1 \cdot x - 0{,}56) - (500\,x + 141{,}6), \qquad \text{(I)}$$

$$y_2 = Q \cdot (a_2 \cdot x - 0{,}50) - (200\,x + 133{,}45), \qquad \text{(II)}$$

$$y_1 - y_2 = (a_1 - a_2) \cdot x\,Q - 0{,}06\,Q - 300\,x - 8{,}15, \qquad \text{(III)}$$

$a_1 - a_2$ kann man etwa wie folgt ermitteln:

Bei den höheren Leistungen für Anlage b) genügt für den Einbau 1 Mann mehr in der Belegschaft. Mit 7 Mann für den Einbau erhält man einen Stundenaufwand von 7 : 8 = 0,87 Std. pro cbm gegenüber 1,0 Std. pro cbm für Anlage a), so daß für $a_1 - a_2$ der Wert 0,13 in Gleichung (III) einzusetzen ist, welche dann lautet:

$$y_1 - y_2 = 0{,}13 \cdot x \cdot Q - 0{,}06\,Q - 300\,x - 8{,}15. \qquad \text{(IV)}$$

Wird in dieser Gleichung die linke Seite = 0 gesetzt, so ergeben sich die Grenzbetonmengen zwischen Anlage a) und b), d. h. die Betonmengen, wo beide Gießmastanlagen gleich wirtschaftlich sind, während für alle Betonmengen kleiner als Q die Anlage mit Schnellaufzugswinde wegen ihrer höheren Montagekosten und ihres größeren Betriebsstoffverbrauchs unwirtschaftlicher ist. Die Bedingungsgleichung lautet dann:

$$0{,}13\,x\,Q - 0{,}06\,Q - 300\,x - 8{,}15 = 0$$

und es ergeben sich folgende Grenzwerte von Q:

$x = 0{,}462$	$Q = \infty$	$x = 2{,}00$	$Q = 3040$
$x = 0{,}50$	$Q = 31630$	$x = 3{,}00$	$Q = 2760$
$x = 1{,}00$	$Q = 4400$	$x = 4{,}00$	$Q = 2630.$

Man ersieht hieraus, daß eine solche Anlage mit Schnellaufzug erst bei verhältnismäßig großen Massen Vorteile gegenüber einer gewöhnlichen Gießmastanlage bietet. Vorteile bietet sie jedoch bei größeren Massen im Wettbewerb mit der 500-l-Gießturmanlage mit gewöhnlichem Aufzug, für welche im folgenden die entsprechenden Berechnungen in Kürze durchgeführt werden.

Die 500-l-Gießturmanlage mit $v = 0{,}5$, $h = 24{,}5$, $R = 30$ m.

Es wird ein 48 m hoher Gießturm angenommen, worüber auf S. 40 die näheren Angaben gemacht wurden und welcher für die Betonierung von sieben Stockwerken ausreicht, der Berechnung zugrunde gelegt. Als Betriebskraft ist der elektrische Strom gewählt. Man erhält:

Gerätekosten des Gießturms.

	Gewicht kg	Neuwert der Anlage M.
1 kompl. Gießturmanlage $H = 48$ m	17000	11000,—
1 Antriebsmotor 15 PS	700	2000,—
	17700	13000,—

Die Gerätekosten betragen somit bei Eingruppierung der gesamten Anlage in Gerätegruppe $a_0 = 25\%$ 1,3 g oder bei einer stündlichen Leistung von 9 cbm 0,14 g wobei

$$g = \frac{394 + 277\,d}{48 + 554\,d}.$$

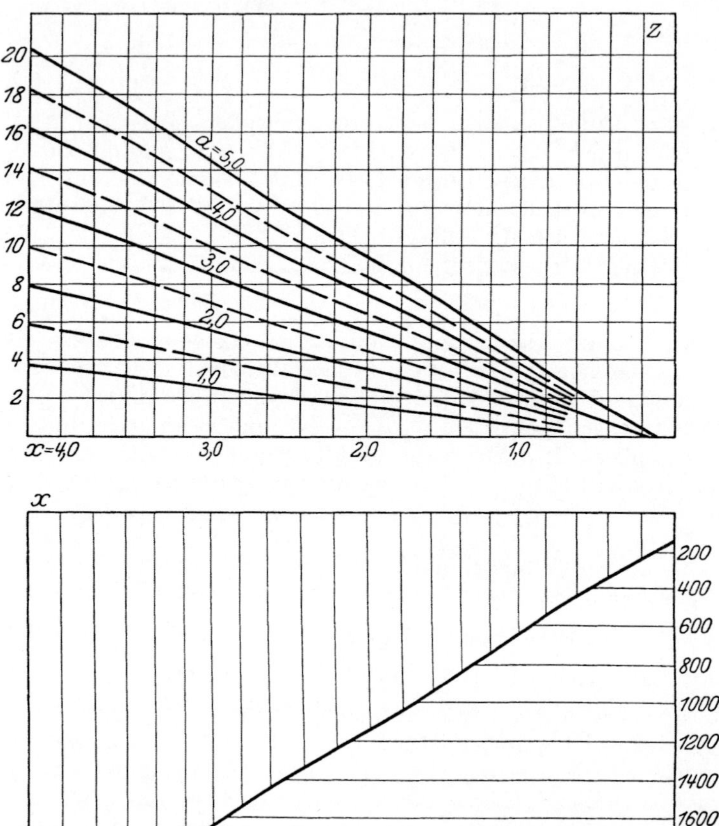

Abb. 32a. Kostenersparnis im Gußbetonhochbau bei Verwendung einer 350-l-Gießmastanlage. $v = 1{,}0$ m/Sek.

Für verschiedene Werte von d ergeben sich die folgenden Werte von 0,14 g.

$d = 0{,}12$	$g = 3{,}72$	$0{,}14\,g = 0{,}52$
$d = 0{,}15$	$g = 3{,}30$	$0{,}14\,g = 0{,}46$
$d = 0{,}20$	$g = 2{,}84$	$0{,}14\,g = 0{,}40$
$d = 0{,}25$	$g = 2{,}50$	$0{,}14\,g = 0{,}35$
$d = 0{,}30$	$g = 2{,}20$	$0{,}14\,g = 0{,}31$.

An- und Rücktransport, Montage und Demontage.

An- und Rückfuhr 17,7 t à 6,— M.	=	106,20 M.
Fracht 17,7 t à 9,70 M.	=	171,80 „
Insgesamt		278,— M.

Montage und Demontage 2000 x.

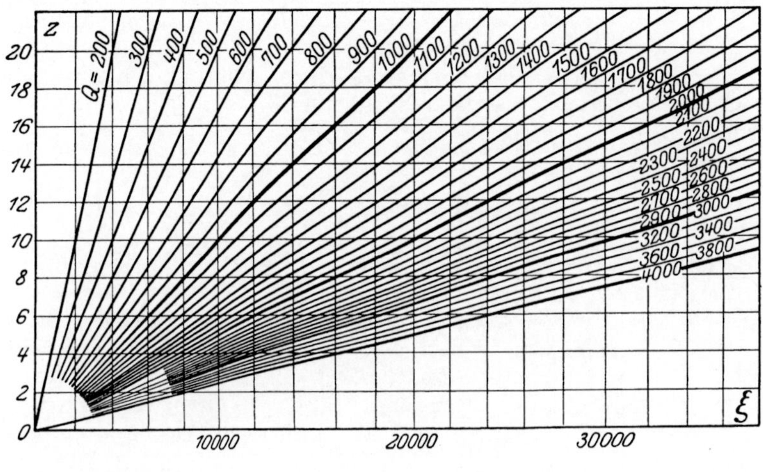

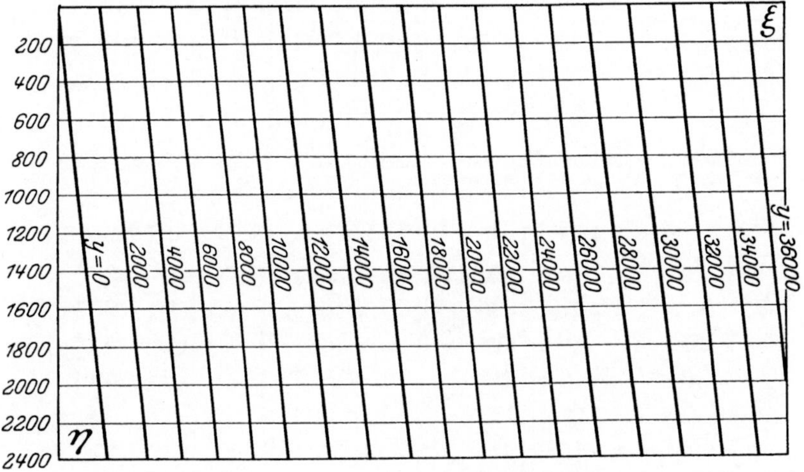

Abb. 32 b. Kostenersparnis im Gußbetonbau bei Verwendung einer 350-l-Gießmastanlage. $v = 1{,}0$ m/Sek.

Für Montage des Aufzugs bei plastischem Beton können 250 x angesetzt werden.

Betriebsstoffverbrauch. Man kann mit folgendem Stromverbrauch rechnen:

$$15 \cdot 0{,}9 \cdot 0{,}6 = 8{,}1 \text{ kW/Std. à } 0{,}15 \text{ M.} = 1{,}22 \text{ M.}$$

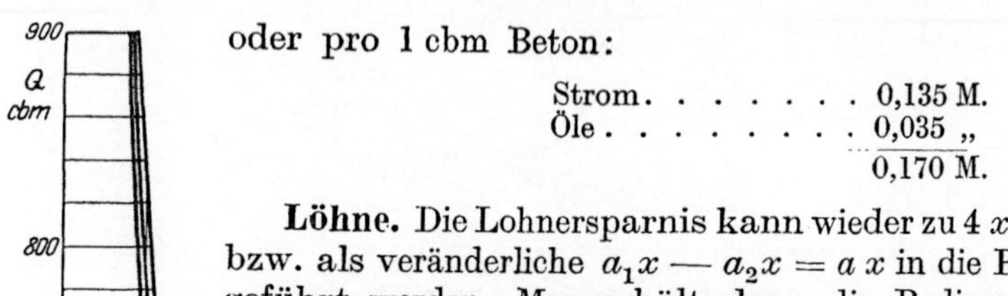

Abb. 33. Grenzbetonmengenkurven für Gußbetonhochbauten bei Verwendung einer 500-l-Gießturmanlage.

oder pro 1 cbm Beton:

Strom	0,135 M.
Öle	0,035 „
	0,170 M.

Löhne. Die Lohnersparnis kann wieder zu $4\,x$ angenommen bzw. als veränderliche $a_1 x - a_2 x = a\,x$ in die Rechnung eingeführt werden. Man erhält dann die Bedingungsgleichung für die Grenzbetonmenge Q durch Gleichsetzen der beiden Gleichungswerte der rechten Seite:

$$K_{\text{plast.}} = \frac{250}{Q}\,x + a_1 \cdot x, \tag{1}$$

$$K_{\text{guss.}} = 0{,}14\,g + 0{,}17 + \frac{2000\,x + 278}{Q} + a_2 \cdot x\,, \tag{2}$$

$$a \cdot x - 0{,}14 \cdot g - 0{,}17 - \frac{1750\,x + 278}{Q} = 0. \tag{3}$$

Mit $a = 4$ ergeben sich die Grenzbetonmengen für verschiedene Werte von $d = 0{,}12$ bis $0{,}30$ wie sie in Abb. 33 für $d = 0{,}12$, $d = 0{,}20$ und $0{,}30$ aufgezeichnet sind. Die Grenzwerte sind auch in folgender Tabelle zusammengestellt:

$d = 0{,}12$	
$x = 0{,}25$	$Q = 2310$
$x = 0{,}50$	$Q = 880$
$x = 1{,}00$	$Q = 615$
$x = 2{,}00$	$Q = 520$
$x = 3{,}00$	$Q = 490$
$x = 4{,}00$	$Q = 475.$

$d = 0{,}15$		$d = 0{,}20$	
$x = 0{,}25$	$Q = 1930$	$x = 0{,}25$	$Q = 1660$
$x = 0{,}50$	$Q = 840$	$x = 0{,}50$	$Q = 805$
$x = 1{,}00$	$Q = 604$	$x = 1{,}00$	$Q = 592$
$x = 2{,}00$	$Q = 514$	$x = 2{,}00$	$Q = 508$
$x = 3{,}00$	$Q = 486$	$x = 3{,}00$	$Q = 485$
$x = 4{,}00$	$Q = 474.$	$x = 4{,}00$	$Q = 473.$

$d = 0{,}25$		$d = 0{,}30$	
$x = 0{,}25$	$Q = 1490$	$x = 0{,}25$	$Q = 1370$
$x = 0{,}50$	$Q = 780$	$x = 0{,}50$	$Q = 755$
$x = 1{,}00$	$Q = 583$	$x = 1{,}00$	$Q = 578$
$x = 2{,}00$	$Q = 507$	$x = 2{,}00$	$Q = 505$
$x = 3{,}00$	$Q = 482$	$x = 3{,}00$	$Q = 480$
$x = 4{,}00$	$Q = 472.$	$x = 4{,}00$	$Q = 470.$

Multipliziert man die linke Seite der Gleichung (3) mit Q, so stellt dieser Wert die Ersparnis y dar, nämlich:

$$y = Q \cdot (a\,x - 0{,}14\,g - 0{,}17) - (1750\,x + 278)$$

oder

$$y = x \cdot (a \cdot Q - 1750) - Q \cdot (0{,}14\,g + 0{,}17) - 278\,. \tag{4}$$

Diese Gleichung der Ersparnis ist wieder in einer vierteiligen Tafel in Abb. 34 dargestellt worden.

Aus obigen Grenzwerten Q ist zu ersehen, daß die Verwendung von Gießtürmen wegen der hohen Montagekosten sich erst von größeren Massen ab lohnt. Einer Gießmastanlage gegenüber ist der Gießturm immer teuerer und soll nur, wenn der Umfang und Fortschritt der Arbeiten und die Ausdehnung der Baustelle eine solche Anlage mit größerer Turmhöhe und größerem Arbeitsradius verlangt, gewählt werden. Zum gleichen Schluß kommt man auch durch Aufstellung der Bedingungsgleichung für die Grenzbetonmenge bei Vergleich der gewöhnlichen Gießmastanlage mit dem 500-l-Gießturm. Es ergeben sich aus dieser Bedingungsgleichung keine Grenzwerte für Q.

c) Die Wirtschaftlichkeit von Schnellaufzügen und Doppelaufzügen bei Gießturmanlagen.

Das Problem der Schnellaufzüge, das schon mehrfach in der Abhandlung berührt wurde, soll im folgenden einer eingehenden Prüfung, vor allem in bezug auf Wirtschaftlichkeit, unterzogen werden.

Es hat vielleicht überrascht, daß der Verfasser bei Behandlung der Gießtürme für Betontiefbauten keine 1000-l- und 1200-l-Anlagen zur Untersuchung gestellt hat. Dies wird nun vielleicht von mancher Seite und von Maschinenfabriken, welche großen Wert auf den Bau solch großer Anlagen legen, als ein Mangel empfunden werden. Demgegenüber ist zu sagen, daß so große Anlagen wohl nur in den untersten Teilen von Betonbauten größter Abmessung (Talsperren usw.) ausgenützt werden können. Anderseits ist eine 750-l-Anlage, welche mit Schnellaufzugswinden von $v = 1{,}0$ bis $2{,}0$ m/Sek. ausgerüstet ist, besonders bei Benützung großer Betonmaschinen und Vorsilo zwischen Betonmaschine und Aufzugskübel, in der Lage, die höchste Menge zu leisten, welche auch bei großen Breitenabmessungen mit Rücksicht auf den Druck des Gußbetons auf die Schalung tatsächlich durchschnittlich untergebracht werden kann. Eine solche Anlage hat außerdem den Vorzug, daß man bei abnehmender Breite des Bauwerks nach oben, wo mit Rücksicht auf den Schalungsdruck nur geringere Tagesleistungen möglich werden, durch Verwendung mehrerer Aufzugswinden mit abgestufter Aufzugsgeschwindigkeit in der Lage ist, an Betriebsstoffen wesentlich zu sparen. Voraussetzung bei solchen Anlagen ist dann allerdings, wie dies bereits erwähnt wurde und auch in den normalisierten Anlagen der Lincke-Hofmann-Lauchhammer A.-G., Berlin, vorgesehen ist, die Verwendung eines Aufnahmebunkers, d. h. eines Vorsilos von größerer, zweckmäßig dem doppelten Inhalt des Fahrkübels zwischen Betonmaschine und Aufzug, sowie die Verwendung einer Betonmischmaschine, welche dasselbe leisten kann, was der Aufzug zu leisten imstande ist. Die örtlichen

Verhältnisse werden bei großen Arbeiten eine solche Anlage auch stets möglich machen. Diesem wichtigen Umstande der Zusammenpassung der Leistung der Mischmaschine und des Aufzugs besonders bei Verwendung von Schnellaufzugswinden wird viel zu wenig Beachtung ge-

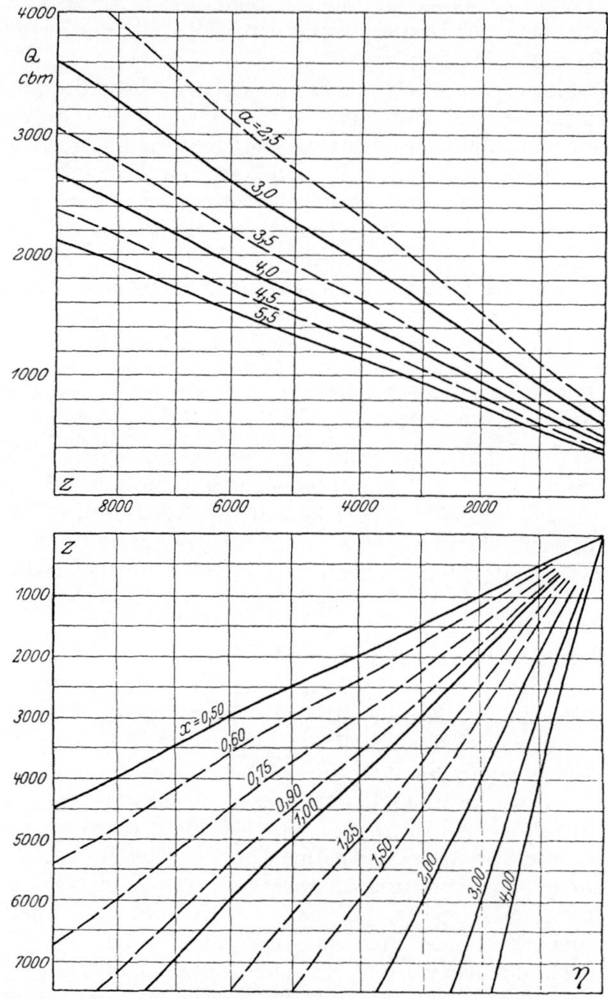

Abb. 34a. Kostenersparnis y im Gußbetonhochbau bei Verwendung eines 500-l-Gießturms. $v = 0{,}5$ m/Sek.

schenkt. Denn Befürchtungen, daß dabei eine Entmischung des Betons stattfinden könnte, müßte entgegengehalten werden, daß eine solche in der Praxis nicht beobachtet wurde. Man verwendet z. B. zweckmäßig für einen Schnellaufzug $v = 1{,}5$ m/Sek. bei einer mittleren Förderhöhe von 40 m, wo 40 Spiele in der Stunde geleistet werden können, bei einem 750-l-Aufzugskübel eine 1200-l-Maschine oder zwei Stück 750-l-Maschinen, welche dann bei durchschnittlich 30 Mischungen in der Stunde, d. h.

einer durchschnittlichen Mischdauer von 2 Min. die gleiche Leistung wie der Aufzug ergeben.

Bei den Berechnungen der Leistung des Aufzugs ist vielleicht aufgefallen, daß auch bei der Berechnung der Leistung eines 500-l-Aufzugs

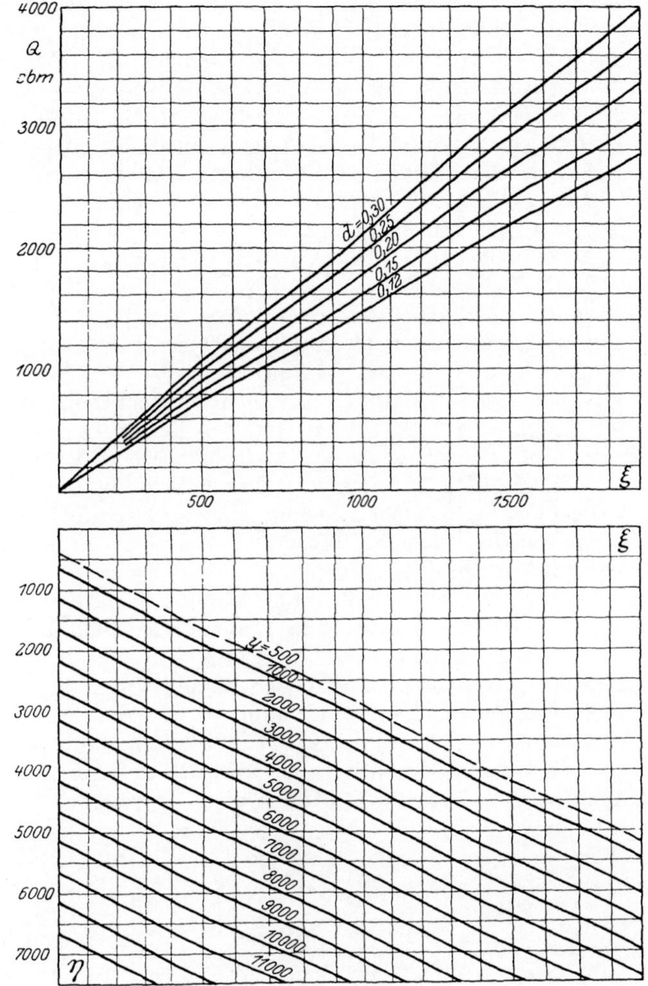

Abb. 34b. Kostenersparnis y im Gußbetonhochbau bei Verwendung eines 500-l-Gießturms. $v = 0,5$ m/Sek.

ein Abzug entsprechend der Auflockerung gemacht wurde. Dies ist bei Verwendung von Vorsilos nicht mehr nötig, da ja der Aufzugskübel vom Vorsilo aus gefüllt wird und daher 750 l feste Masse aufnehmen kann, wenn der Turm für 750 l feste Masse berechnet ist.

Vor Eintritt in die rechnerischen Untersuchungen soll noch eine Frage geklärt werden, die bei näherer Untersuchung der Verhältnisse doch nicht vernachlässigt werden darf. Es soll nämlich die größere Inanspruchnahme eines Gießturms bei größeren Aufzugsgeschwindigkeiten auch rechnerisch berücksichtigt werden.

Es dürfte zweckmäßiger sein, die Türme für größere Aufzugsgeschwindigkeiten etwas stärker zu bauen als für die gewöhnlichen Geschwindigkeiten von 0,50 bis 0,80 m/Sek. Vor allem dürfte sich ein rechteckiger Querschnitt des Turms mit längerer Seitenlänge nach der Hauptarbeitsrichtung empfehlen, wodurch das Widerstandsmoment des Turms ein wesentlich größeres wird. Trotz bester Konstruktion wird es doch nicht möglich sein, einen etwas schnelleren Verschleiß bei Schnellaufzügen und Deformationen des Turms gänzlich zu vermeiden. Dem soll in weitgehendem Maße, d. h. mit für Schnellaufzüge eher zu ungünstigen Annahmen dadurch Rechnung getragen werden, daß einmal nicht nur der Gießturm selbst, sondern die gesamte Anlage in die Gerätegruppe $a_0 = 25\%$ genommen wird und außerdem der errechnete Wert für Abschreibung bei $v = 1{,}0$ bis 1,5 m/Sek. um 20%, bei $v = 1{,}5$ bis 2,5 um 40% erhöht wird, was also etwa einem $a_0 = 30\%$ bzw. 35% entspricht.

Es sollen im folgenden die Leistungen verschiedener 500-l-, 750-l- und 1000-l-Anlagen festgestellt werden und dann Wirtschaftlichkeitsvergleiche etwa gleich leistungsfähiger Anlagen vorgenommen werden, damit ein Urteil möglich wird, ob und in welchen Fällen man sich von der Verwendung von Schnellaufzügen wirtschaftliche Vorteile versprechen darf. Voraussetzung ist natürlich, was nicht genug betont werden kann, daß die Leistungen solcher Anlagen auch tatsächlich im Bauwerk untergebracht werden können, was von Fall zu Fall bei Wahl der Anlage in erster Linie zu prüfen ist.

Als Vergleichsbasis wird ein Gießturm von 52 m Höhe in allen Fällen angenommen und die Anzahl der Förderspiele, welche durchschnittlich in der Betriebsstunde erreicht werden, wie folgt bestimmt:

Es ist gleichmäßig für alle Anlagen angenommen, der Fahrkübel bewege sich zwischen den Höhen 26 m und 44 m, d. h. die mittlere Höhe, bis zu welcher der Kübel auffährt, sei 35 m, dann ergeben sich bei einer Rücklaufgeschwindigkeit, welche gleichmäßig mit 4 m/Sek. eingesetzt ist, folgende Zeiten für die einzelnen Arbeitsvorgänge:

	$v = 0{,}5$	$v = 0{,}8$	$v = 1{,}0$	$v = 1{,}5$	$v = 2{,}0$	$v = 2{,}5$	m/Sek.
1. Aufziehen des Fahrkübels	70	44	35	23	18	14	Sek.
2. Ablassen des Fahrkübels	9	9	9	9	9	9	,,
3. Füllen des Fahrkübels	25	25	25	25	25	25	,,
4. Entleeren Turmsilo	20	20	20	20	20	20	,,
	124	98	89	77	72	68	Sec.
+ 30% für Unterbrechungen	37	30	27	23	21	20	,,
	161	128	116	100	93	88	Sec.

Es ist nur der Vorgang 1., welcher sich bei Änderung der Aufzugsgeschwindigkeit verändert, während 2., 3. und 4. stets gleich bleiben. Man erhält demnach für die Geschwindigkeit $v = 0{,}5$ bis 2,5 nachstehend die Anzahl der stündlichen Förderspiele:

$v = 0{,}5$	22	Förderspiele	$v = 1{,}5$	36	Förderspiele
$v = 0{,}8$	28	,,	$v = 2{,}0$	38	,,
$v = 1{,}0$	31	,,	$v = 2{,}5$	40	,,

Man erhält dann für die nachstehend aufgeführten 14 Anlagen die in der folgenden Tabelle angegebenen durchschnittlichen Leistungen:

Tabelle 10.

Lfd. Nr.	Inhalt des Aufzugskabels l	v m/Sek.	Spiele pro Stunde	Durchschnittsleistung cbm pro Std.
1	500	0,5	22	11
2	500	1,0	31	15,5
3	500	1,5	36	18
4	500	2,0	38	19
5	500	2,5	40	20
6	750	0,5	22	16,5
7	750	0,8	28	21
8	750	1,0	31	23
9	750	1,5	36	27
10	750	2,0	38	28,5
11	750	2,5	40	30
12	1000	0,5	22	22
13	1000	0,8	28	28
14	1000	1,0	31	31

Nur die unterstrichenen 10 Anlagen, wobei sich immer je 2 in ihren Leistungen etwa entsprechen, sollen untersucht werden und zwar:

Anlage	gegen Anlage
2	6
5	7
8	12
9	13
11	14

Später ist allerdings in derselben Reihenfolge eine durchlaufende Numerierung 1 bis 10 für die 10 Anlagen gewählt.

Bestimmung der erforderlichen Antriebskraft und des Wirkungsgrades der Anlage.

Da die Mehrkosten der Schnellaufzüge hauptsächlich durch die erhöhten Betriebskosten der stärkeren Antriebsmotore verursacht werden, ist es erforderlich, auf gleicher Basis für die zum Vergleich zu stellenden Anlagen die erforderliche Antriebskraft zu ermitteln. Es ergibt sich die erforderliche Arbeitsleistung L_a in PS zu:

$$L_a = \frac{P \cdot v}{75 \cdot \eta}.$$

wobei P = Eigengewicht der Aufzugsmulde + Betoninhalt der Mulde in kg,
v = Aufzugsgeschwindigkeit der Aufzugsmulde in m/Sek.,
η = Wirkungsgrad = 0,7.

Die ermittelte Leistung wird dann, da durchweg elektrischer Strom als Betriebskraft angenommen wird, noch um 20% erhöht, um den Kraftspitzen Rechnung zu tragen. Man erhält demnach für die 10 zu untersuchenden Anlagen die erforderlichen Motorenstärken, wie sie in der folgenden Tabelle zusammengestellt sind. Das Gewicht P setzt sich aus dem Betoninhalt der Aufzugsmulde und dem Eigengewicht der Mulde, das mit 45% dieses Betoninhalts angenommen werden kann, zusammen. Das Eigengewicht des flüssigen Betons ist entsprechend den Feststellungen an der Wäggitalsperre zu 2,35 pro cbm gewählt worden.

Tabelle 11.

Lfd. Nr.	Muldeninhalt	v = m/Sek.	P kg	$\frac{p \cdot v}{52,5}$	Erforderlich PS = kW	
1	500	1,0	1730	33	40	30
2	500	2,5	1730	82	100	80
3	750	0,5	2555	25	30	25
4	750	0,8	2555	39	45	35
5	750	1,0	2555	49	60	50
6	750	1,5	2555	73	90	70
7	750	2,5	2555	120	145	120
8	1000	0,5	3410	33	40	30
9	1000	0,8	3410	52	60	50
10	1000	1,0	3410	65	80	65

Diese Angaben der Motorenstärken stimmen auch annähernd überein mit den Werten, welche von den Firmen angegeben werden.

Im folgenden sind nun zur Aufstellung der Kostengleichung für die Grenzbetonmenge die entsprechenden Kostenelemente wie Gerätekosten, An- und Rückfuhr, Frachten, Montage und Demontage, Betriebsstoffe und Löhne für die einzelnen Anlagen in Tabellenform zusammengestellt. Die Zwischenrechnungen sind mit Rücksicht auf die Übersichtlichkeit der Untersuchungen nicht in die Abhandlung übernommen, zumal der Rechnungsgang sich entsprechend den früher durchgeführten Untersuchungen gestaltet.

Gerätekosten.

Tabelle 12.

Lfd. Nr.	Gewicht t	Neuwert der Anlage	Gerätekosten		Leistung cbm/Std.
			pro Std.	pro cbm	
1	22500	20000,—	3,05	0,20	15,5
2	23500	23000,—	4,10	0,205	20
3	37000	26000,—	3,30	0,20	16,5
4	37500	27000,—	3,80	0,18	21,0
5	38000	31000,—	4,70	0,205	23,0
6	38500	34000,—	5,51	0,19	27,0
7	39000	37000,—	6,60	0,22	30,0
8	40000	28000,—	3,60	0,16	22,0
9	40500	30000,—	3,81	0,14	28,0
10	41000	33000,—	5,03	0,16	31,0

An- und Rücktransport nebst Montage und Demontage. Entsprechend den früheren Feststellungen wird für An- und Rückfuhr + Fracht auf 100 km Entfernung mit 15,70 M. pro t gerechnet. Es ergeben sich dann folgende Werte in Tabelle 13:

Tabelle 13.

Lfd. Nr.	Gewicht t	An- u. Rückfuhr + Fracht M.	Montage und Demontage M.
1	22,5	353,25	2000 x
2	23,5	369,—	2000 x
3	37,0	580,90	3200 x
4	37,5	588,70	3300 x
5	38,0	596,60	3400 x
6	38,5	604,40	3500 x
7	39,0	612,30	3600 x
8	40,0	628,—	3800 x
9	40,5	635,80	3900 x
10	41,0	643,70	4000 x

Betriebsstoffe. Als Antriebskraft sind Elektromotore angenommen, die entweder durch den Transformator der Hochspannungsleitung eines Elektrizitätswerks oder durch eine eigene Kraftzentrale gespeist werden. Der elektrische Strom hat neben der Einfachheit des Betriebs den großen Vorzug, nur dann Strom zu verbrauchen, wenn er Energie abgibt. Der volle Stromverbrauch ist nur beim Aufziehen des Förderkübels erforderlich. Im folgenden sei, um auch dem Stromverlust in den Leistungen vom Transformator zu den Elektromotoren Rechnung zu tragen, angenommen, daß der Elektromotor während des Aufziehens und Ablassens voll in Anspruch genommen werde. Dann erhält man für die verschiedenen Aufzugsgeschwindigkeiten einen Stromverbrauchsfaktor „η" wie folgt:

$$v = 0{,}5 \quad 0{,}8 \quad 1{,}0 \quad 1{,}5 \quad 2{,}0 \quad 2{,}5$$

$$\eta = 0{,}50 \quad 0{,}42 \quad 0{,}39 \quad 0{,}33 \quad 0{,}29 \quad 0{,}25.$$

Es wird nun im folgenden, um auch den Verbrauch an Schmiermitteln, Ölen und sonstigen Auslagen Rechnung zu tragen, auf den Stromverbrauch noch 25% geschlagen. Der Strompreis selbst ist zunächst als veränderliche Größe p in Mark pro 1 kW/Std. in die Rechnung eingeführt. Es ergibt sich dann ein Stromverbrauch und Stromkosten pro 1 cbm wie sie in nachstehender Tabelle zusammengestellt sind:

Tabelle 14.

Anlage	Leistung L cbm/Std.	Erforderliche elektr. Kraft E kW	η	Stromverbrauch pro 1 cbm Beton $\frac{E \cdot \eta}{L}$	Betriebskosten pro 1 cbm $\frac{1{,}25 \cdot E \cdot \eta \cdot p}{L}$
1	15,5	30	0,39	0,76	0,95 p
2	20,0	80	0,25	1,00	1,25 p
3	16,5	25	0,50	0,76	0,95 p
4	21	35	0,42	0,70	0,88 p
5	23	50	0,39	0,85	1,06 p
6	27	70	0,33	0,86	1,08 p
7	30	120	0,25	1,00	1,25 p
8	22	30	0,50	0,70	0,88 p
9	28	50	0,42	0,75	0,94 p
10	31	65	0,39	0,82	1,02 p .

Löhne. Die Belegschaft für den reinen Betonierbetrieb wechselt nur an der Einbaustelle, wobei bei größerer Leistung ein bis zwei Mann mehr gerechnet werden müssen. Der Lohnstundenaufwand der einzelnen Anlagen ist in der folgenden Tabelle zusammengestellt:

Tabelle 15.

Anlage	Leistung cbm/Std.	Belegschaft des Betonierbetriebes ohne Materialanfuhr	Lohnstunden pro 1 cbm
1	15,5	11	$0{,}71\,x$
2	20,0	12	$0{,}60\,x$
3	16,5	11	$0{,}67\,x$
4	21,0	12	$0{,}57\,x$
5	23,0	12	$0{,}52\,x$
6	27,0	13	$0{,}48\,x$
7	30,0	13	$0{,}44\,x$
8	22,0	12	$0{,}55\,x$
9	28,0	13	$0{,}47\,x$
10	31,0	13	$0{,}42\,x$

Bestimmung der Bedingungsgleichungen für die Grenzbetonmengen.

Die Summen der vier Kostenanteile, welche für die Kostengegenüberstellung maßgebend sind, sind für die 10 Anlagen in nachstehender Tabelle zusammengestellt:

$$1.\quad 0{,}20 + \frac{353{,}25 + 2000\,x}{Q} + 0{,}95\,p + 0{,}71\,x\,,$$

$$2.\quad 0{,}205 + \frac{369 + 2000\,x}{Q} + 1{,}25\,p + 0{,}60\,x\,,$$

$$3.\quad 0{,}20 + \frac{580{,}9 + 3200\,x}{Q} + 0{,}95\,p + 0{,}67\,x\,,$$

$$4.\quad 0{,}18 + \frac{588{,}7 + 3300\,x}{Q} + 0{,}88\,p + 0{,}57\,x\,,$$

$$5.\quad 0{,}205 + \frac{596{,}6 + 3400\,x}{Q} + 1{,}06\,p + 0{,}52\,x\,,$$

$$6.\quad 0{,}19 + \frac{604{,}4 + 3500\,x}{Q} + 1{,}08\,p + 0{,}48\,x\,,$$

$$7.\quad 0{,}22 + \frac{612{,}3 + 3600\,x}{Q} + 1{,}25\,p + 0{,}44\,x\,,$$

$$8.\quad 0{,}16 + \frac{628 + 3800\,x}{Q} + 0{,}88\,p + 0{,}55\,x\,,$$

$$9.\quad 0{,}14 + \frac{635{,}8 + 3900\,x}{Q} + 0{,}94\,p + 0{,}47\,x\,,$$

$$10.\quad 0{,}16 + \frac{643{,}7 + 4000\,x}{Q} + 1{,}02\,p + 0{,}42\,x\,.$$

Beim Vergleich zweier Anlagen brauchen nur die beiden Ausdrücke der Tabelle gleichgesetzt werden, um die Gleichung für die Grenzbetonmenge Q zu erhalten.

a) Anlage 1 mit 500 l $v = 1{,}0$ gegenüber Anlage 3 mit 750 l $v = 0{,}5$. Die Bedingungsgleichung für die Grenzbetonmenge Q lautet:

$$\frac{353{,}25 + 2000\,x}{Q} + 0{,}71\,x = \frac{580{,}9 + 3200\,x}{Q} + 0{,}67\,x$$

oder aber: Anlage 3 ist um den Betrag m für Q cbm Beton teurer, welcher Betrag $= 0$ gesetzt, ebenfalls die Bedingungsgleichung für die Grenzbetonmenge Q ergibt:

$$\underline{m = 1200\,x} + \underline{227{,}65} - 0{,}0\underline{4 \cdot x \cdot Q = 0} \qquad (1)$$

und hieraus

$x = 0{,}25$	$Q = 52765$	$x = 2{,}0$	$Q = 32846$
$x = 0{,}50$	$Q = 41382$	$x = 3{,}0$	$Q = 31897$
$x = 1{,}0$	$Q = 35691$	$x = 4{,}0$	$Q = 31423.$

Für alle Q kleiner als der Grenzwert ist Anlage 3 mit $v = 0{,}5$ teuerer wegen der höheren Montagekosten. Die linke Seite der Gleichung (1) gibt die Mehrkosten an. Da die Kosten für den Stromverbrauch dieselben sind, ist der Grenzwert in diesem besonderen Falle unabhängig vom Strompreis. Zu Gunsten der Anlage 1 spricht dann allerdings noch, was auch für Schnellaufzugswinden im allgemeinen gilt, daß es möglich ist, beim Abnehmen der möglichen Einbauleistung einer Winde mit kleineren Aufzugsgeschwindigkeiten etwa $v = 0{,}5$ m/Sek., gegenüber der 750-l-Anlage an Betriebsstoffen noch wesentlich zu sparen, so daß in Wirklichkeit der Grenzwert nochviel höher liegen dürfte.

b) Anlage 2 mit 500 l $v = 2{,}5$ gegenüber Anlage 4 mit 750 l $v = 0{,}80$. Die Bedingungsgleichung für Q nach entsprechender Umformung lautet:

$$Q \cdot (0{,}025 + 0{,}03\,x + 0{,}37 \cdot p) = 219{,}7 + 1300\,x. \qquad (2)$$

Für die verschiedenen Werte des Strompreises von 0,05 M. pro kWStd. bis $p = 0{,}20$ M./kWStd. erhält man die im folgenden tabellarisch zusammengestellten Grenzbetonmengen. Für alle Q, welche größer als der Grenzwert sind, ist Anlage 2 teuerer als Anlage 4:

	$p = 0{,}05$	$p = 0{,}10$	$p = 0{,}15$	$p = 0{,}20$
$x = 0{,}25$	$Q = 10600$	$Q = 7{,}800$	$Q = 6{,}200$	$Q = 5110$
$x = 0{,}50$	$Q = 14800$	$Q = 11300$	$Q = 9130$	$Q = 7620$
$x = 1{,}00$	$Q = 20600$	$Q = 16500$	$Q = 13700$	$Q = 11800$
$x = 2{,}00$	$Q = 27100$	$Q = 23100$	$Q = 20000$	$Q = 17700$
$x = 3{,}00$	$Q = 30800$	$Q = 27100$	$Q = 24100$	$Q = 21800$
$x = 4{,}00$	$Q = 33100$	$Q = 29800$	$Q = 27100$	$Q = 24750.$

c) Anlage 5 mit 750 l $v = 1{,}0$ gegenüber Anlage 8 mit 1000 l $v = 0{,}5$. Die Mehrkosten der 1000-l-Anlage gegenüber der 750-l-Anlage $= 0$ gesetzt, ergeben die Grenzbetonmenge, d. h. die Wirtschaftlichkeitsgrenze der beiden Anlagen. Man erhält:

$$Q \cdot (0{,}045 + 0{,}18 \cdot p - 0{,}03\,x) - (400\,x + 31{,}41) = 0. \qquad (3)$$

	$p = 0{,}05$	$p = 0{,}10$	$p = 0{,}15$	$p = 0{,}20$
$x = 0{,}25$	$Q = 2830$	$Q = 2360$	$Q = 2030$	$Q = 1800$
$x = 0{,}5$	$Q = 5950$	$Q = 4830$	$Q = 4050$	$Q = 3500$
$x = 1{,}0$	$Q = 17950$	$Q = 13100$	$Q = 10250$	$Q = 8450$
$x = 2{,}0$	$Q = -$	$Q = 277140$	$Q = 71600$	$Q = 39600$
$x = 3{,}0$	$Q = -$	$Q = -$	$Q = -$	$Q = -$
$x = 4{,}0$	$Q = -$	$Q = -$	$Q = -$	$Q = -$
Grenzwert	$x = 1{,}80$ M.,	$x = 2{,}10$ M.,	$x = 2{,}40$ M.,	$x = 2{,}70$ M.

Von den in der untersten Reihe angeführten Grenzwerten ab ist Anlage 5 stets billiger als Anlage 8, und zwar ist die Ersparnis, d. h. die Mehrkosten der 1000-l-Anlage, $m = 400\,x + 31{,}41 + Q \cdot (0{,}3\,x - 0{,}045 - 0{,}18\,p)$.

d) Anlage 6 mit 750 l $v = 1{,}5$ gegenüber Anlage 9 mit 1000 l $v = 0{,}8$. Die Mehrkosten m der 1000 l-Anlage $= 0$ gesetzt, ergeben die Wirtschaftlichkeitsgrenze:

$$400\,x + 31{,}41 - Q \cdot (0{,}05 + 0{,}14\,p + 0{,}01\,x) = 0 \qquad (4)$$

	$p = 0{,}05$	$p = 0{,}10$	$p = 0{,}15$	$p = 0{,}20$
$x = 0{,}25$	$Q = 2220$	$Q = 1980$	$Q = 1790$	$Q = 1635$
$x = 0{,}5$	$Q = 3720$	$Q = 3360$	$Q = 3030$	$Q = 2790$
$x = 1{,}0$	$Q = 6450$	$Q = 5840$	$Q = 5310$	$Q = 4910$
$x = 2{,}0$	$Q = 10800$	$Q = 9900$	$Q = 9150$	$Q = 8520$
$x = 3{,}0$	$Q = 14150$	$Q = 13100$	$Q = 12150$	$Q = 11400$
$x = 4{,}0$	$Q = 16800$	$Q = 15700$	$Q = 14680$	$Q = 13810.$

e) Anlage 7 mit 750 l $v = 2{,}5$ gegenüber Anlage 10 mit 1000 l $v = 1{,}0$. Es ergibt sich:

$$Q \cdot (0{,}06 + 0{,}23\,p + 0{,}02\,x) = 400\,x + 31{,}4 \qquad (5)$$

	$p = 0{,}05$	$p = 0{,}10$	$p = 0{,}15$	$p = 0{,}20$
$x = 0{,}25$	$Q = 1720$	$Q = 1500$	$Q = 1315$	$Q = 1182$
$x = 0{,}5$	$Q = 2840$	$Q = 2490$	$Q = 2220$	$Q = 2000$
$x = 1{,}0$	$Q = 4740$	$Q = 4190$	$Q = 3780$	$Q = 3430$
$x = 2{,}0$	$Q = 7450$	$Q = 6750$	$Q = 6170$	$Q = 5680$
$x = 3{,}0$	$Q = 9380$	$Q = 8640$	$Q = 7950$	$Q = 7440$
$x = 4{,}0$	$Q = 10750$	$Q = 10010$	$Q = 9360$	$Q = 8770.$

Das Ergebnis der Untersuchungen a) bis e) ist in den Abb. 35 und 36 graphisch dargestellt. Man kann daraus Schlüsse ziehen auf die Wirtschaftlichkeit von Schnellaufzügen für Gußbetonanlagen, und zwar zunächst ganz allgemeiner Art: Wenn man von Fall a) absieht, wo ausnahmsweise die höhere Geschwindigkeit keine höheren Stromkosten pro cbm Beton verursacht, kann man sagen:

1. die Wirtschaftlichkeitsgrenze der Schnellaufzüge liegt um so niedriger, je höher die Stromkosten (Betriebsstoffkosten) sich stellen,

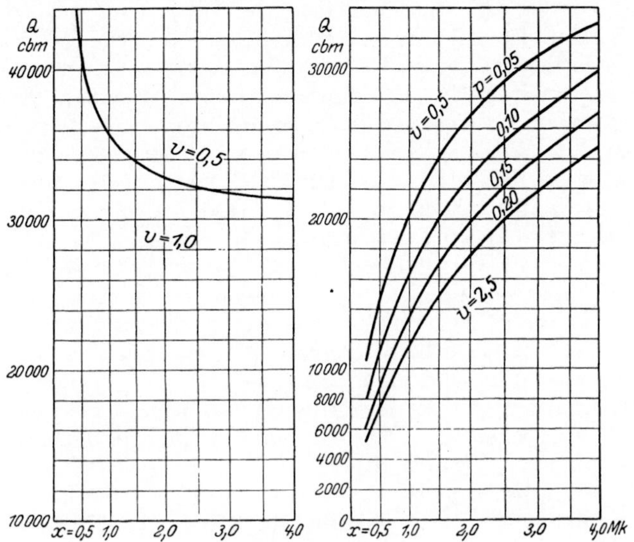

Abb. 35. Grenzbetonmengenkurven für Gießturmanlagen verschiedener Aufzugsgeschwindigkeit.

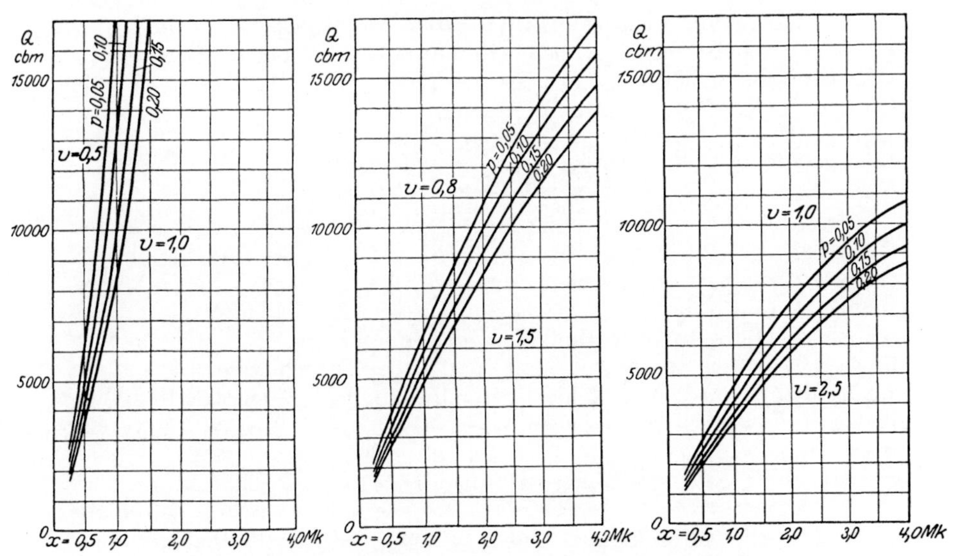

Abb. 36. Grenzbetonmengenkurven für Gießturmanlagen verschiedener Aufzugsgeschwindigkeit.

2. die Wirtschaftlichkeitsgrenze liegt um so höher, und zwar zugunsten der Schnellaufzüge, je höher die Löhne sind.

Unter Zugrundelegung eines mittleren Stundenlohnes von $x = 1$ kann man etwa folgern:

Bei Anlagen mit stündlichen Leistungen bis 20 cbm werden Schnellaufzüge in den meisten Fällen wirtschaftlicher sein, denn die Wirtschaftlichkeitsgrenze bewegt sich nach der Rechnung trotz der verhältnismäßig ungünstigen Annahmen für die Schnellaufzüge zwischen 12000 cbm und 35000 cbm, wobei der Wert von Q um so größer ist, je kleiner die Stromkosten sind. Die Wirtschaftlichkeitsgrenze liegt für große Geschwindigkeiten aber wieder niedriger. Es ist also nicht zweckmäßig, mit den Geschwindigkeiten zu hoch zu gehen. Die zweckmäßigste Geschwindigkeit dürfte etwa bei $v = 1,0$ liegen.

Bei Anlagen mit Leistungen über 20 cbm pro Stunde, welche für allergrößte Objekte in Frage kommen, liegen die Grenzwerte nach der Rechnung ziemlich niedrig, und zwar zwischen 3500 und 18000 cbm. Es dürfte sich also vor allem bei sehr großen Leistungen nicht lohnen, mit den Aufzugsgeschwindigkeiten $v = 1,0$ m/Sek. zu überschreiten. Aus den Tabellen geht weiter hervor, daß sich bei hohen Löhnen eine Anlage mit $v = 1,0$ bei großen Leistungen gegenüber einer solchen mit $v = 0,5$ lohnt, während sie sich unter denselben Verhältnissen bei $v = 1,5$ auch bei sehr hohen Löhnen nicht mehr lohnt. Des weiteren kann aus den Tabellen gefolgert werden, daß sich im Hochbau mit den verhältnismäßig niederen Gesamtmassen und niederen Leistungen Schnellaufzüge stets lohnen werden.

Im Anschluß an die Behandlung der Schnellaufzüge ist noch eine weitere, fast noch wichtigere Frage zu klären, welche stets bei stark wechselnden Leistungen, wie sie bei den zumeist nach oben abnehmenden Querschnitten großer Betonbauten vorliegen, auftaucht: Nach welchen Leistungen ist die Anlage zu bemessen?

Dimensionierung einer Gußbetonanlage nach der höchstmöglichen oder nach einer mittleren Leistung?

Die Ausnützung eines leistungsfähigen Gießturms wird zumeist nur auf der Sohle eines Bauwerks möglich sein, da man trotz abnehmender Breite des Bauwerks nach den früheren Ausführungen zweckmäßigerweise eine Gußhöhe von 1,5 bis 1,8 m täglich im Maximum nicht überschreitet. Diese tägliche Gußhöhe wird nur bei großen Talsperren im unteren Teil der Sperre mit einer 1000-l-Anlage nicht erreicht werden. Da die Einbaumöglichkeit hier nicht beschränkt ist, empfiehlt sich in diesem Falle eine 1000-l-Anlage mit $v = 0,8$ bis 1,0 m/Sek. zu verwenden oder einen Doppelaufzug von 750 l (siehe die Ausführungen des nächsten Abschnittes). In den meisten übrigen Fällen, wie Schleusenmauern, großen Wehrkörpern, Ufermauern u. dgl., wird die Leistung durch den Querschnitt beschränkt und schwankt zwischen einer höchstmöglichen und kleinstmöglichen Leistung. Es ergibt sich dann die Frage, ob es wirtschaftlicher ist, die Gußbetonanlage nach einer mittleren Leistung zu bemessen oder aber nach der höchstmöglichen Leistung. Die Anlage ist in letzterem Falle nur an einem Tag bei jedem Gußblock ausgenützt, während bei Bemessung nach der mittleren Leistung die Anlage an allen

Tagen, wo höhere Leistungen eingebaut werden könnten, nicht ausgenützt ist. Die Klärung der Frage wird am einfachsten an der Hand eines praktischen Beispiels durchgeführt:

Bei einer Schleusenmauer schwanken die möglichen Leistungen von 24 cbm pro Stunde bis 8 cbm pro Stunde. Die mittlere Leistung beträgt demnach 16 cbm pro Stunde. Bei einer Gesamtleistung von 32000 cbm und Bemessung der Anlage nach der höchstmöglichen Leistung sind also für die Betonierarbeit 2000 Betriebsstunden erforderlich. Dimensioniert man aber die Anlage nach der mittleren Leistung von 16 cbm pro Stunde, so sind zum Erhalt derselben Gesamtleistung nach dem Diagramm auf Abb. 37 2250 Betriebsstunden erforderlich, weil die Massen, welche in den unteren Teilen des Bauwerks eingebaut werden könnten, von der Anlage nicht geleistet werden können. Die Belegschaft wird sich mit sich ändernder Leistung, etwa wie in dem Diagramm auf Abb. 37 eingetragen, ändern und man kann den Lohnstundenaufwand in beiden Fällen wie folgt ermitteln:

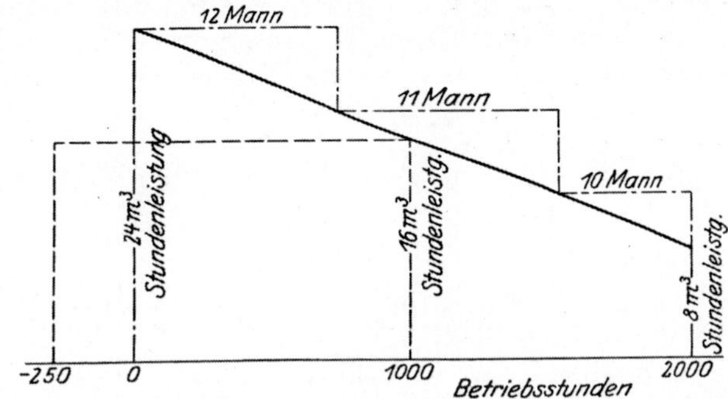

Abb. 37. Diagramm der Leistungen zur Dimensionierung von Gußbetonanlagen.

Bemessung nach der größtmöglichen Leistung 24 cbm pro Stunde:

$$750 \cdot 12 + 750 \cdot 11 + 500 \cdot 10 = 22250 \text{ Lohnstunden}$$

oder

$$\frac{22250}{32000} = 0{,}70 \text{ Stunden pro cbm.}$$

Bemessung nach der mittleren Leistung 16 cbm pro Stunde:

$$1750 \cdot 11 + 500 \cdot 10 = 24250 \text{ Lohnstunden}$$

oder

$$\frac{24250}{32200} = 0{,}76 \text{ Stunden pro cbm.}$$

Die Gerätekosten betragen bei

Bemessung nach der größtmöglichen Leistung von 24 cbm pro Stunde: Eine solche Anlage entspricht etwa der Anlage 5 der Aufstellung S. 80. Es ergeben sich die Gerätekosten zu 4,70 M./Betriebsstunde oder bei der Durchschnittsleistung von 16 cbm pro Stunde:

$$\frac{4{,}70}{16} = 0{,}293 \text{ M. pro cbm.}$$

Bemessung nach der mittleren Leistung von 16 cbm/Std.: Die tatsächliche mittlere Leistung ergibt sich zu:

$$\frac{32000}{2250} = 14{,}2 \text{ cbm pro Stunde}$$

und die Gerätekosten entsprechen Anlage 1 S. 80 mit 3,05 M./Betriebsstunde zu:

$$\frac{3{,}05}{14{,}2} = \underline{0{,}215 \text{ M. pro cbm.}}$$

Die Betriebskosten können wie in Tabelle 14 S. 79 errechnet, angenommen werden, da ja nur bei Arbeitsleistung Strom verbraucht wird. Man erhält dann die folgende Kostengegenüberstellung:

Kosten bei Bemessung der größtmöglichen Leistung K_1:

$$K_1 = 0{,}293 + \frac{596{,}6 + 3400\,x}{Q} + 1{,}06\,p + 0{,}70\,x.$$

Kosten bei Bemessung nach der mittleren Leistung K_2:

$$K_2 = 0{,}215 + \frac{353{,}25 + 2000\,x}{Q} + 0{,}95\,p + 0{,}76\,x\,.$$

$K_1 - K_2 = 0$ ergibt die Wirtschaftlichkeitsgrenze. Die Gleichung für die Grenzbetonmenge Q lautet dann:

$$\underline{1400\,x + 243{,}35 = Q \cdot (0{,}06\,x - 0{,}078 - 0{,}11\,p).} \qquad \text{(I)}$$

Für die weitere Untersuchung sei ein Strompreis von $p = 0{,}10$ M. kWStd. angenommen. Die Bedingungsgleichung lautet dann:

$$\underline{1400\,x + 243{,}35 = Q \cdot (0{,}06\,x - 0{,}089).} \qquad \text{(II)}$$

Aus dieser Gleichung ist zu ersehen, daß es erst von $\underline{x = 1{,}50}$ ab überhaupt Grenzwerte von Q gibt, während es für Gußbetonarbeiten mit niederen Löhnen wirtschaftlicher ist, nach der mittleren Leistung zu dimensionieren. Es ergeben sich für x größer als 1,50 dann folgende Grenzwerte:

$x = 2{,}0 \qquad Q = 98000$ cbm

$x = 3{,}0 \qquad Q = 48800$ „

$x = 4{,}0 \qquad Q = 38700$ „

Nach diesem Ergebnis ist es selbst bei sehr hohen Lohnsätzen wirtschaftlicher, eine der mittleren möglichen Leistung entsprechende kleinere Anlage gegenüber einer Anlage, welche der höchstmöglichen Leistung entspricht, zu wählen. Die Bauzeit bleibt außerdem dieselbe, in beiden Fällen, da die Zeit, welche bei der kleineren Anlage für das Betonieren länger gebraucht wird, etwa durch die Ersparnis an Zeit bei der Montage und Demontage wieder eingeholt wird.

Die Ersparnis beträgt bei dem angenommenen Beispiel mit einer Betonmenge $\underline{Q = 32000 \text{ cbm}}$ bei einem mittleren Stundenlohn von $\underline{0{,}80 \text{ M}}$:

$$y = 1400 \cdot 0{,}8 + 243{,}35 + 32000 \cdot (0{,}089 - 0{,}048)$$

oder $\underline{y = 2675{,}35 \text{ M.}}$

Die Wirtschaftlichkeit des Doppelaufzugs bei Gußbetonanlagen.

Als Nachteil der Schnellaufzüge wurde bereits ihr größerer Betriebsstoff bzw. Stromverbrauch festgestellt. Dieser Nachteil läßt sich beseitigen durch die Verwendung von „Doppelaufzügen“, wie sie von der Firma Andreas Groß in Schwäb.-Gmünd gebaut werden, wo zwei gegenüberliegende Betonaufzugsmulden im Pendelbetrieb arbeiten. Während die eine Mulde in den Turmsilo entleert, steht die zweite Mulde zur Füllung bereit. Die rücklaufende leere Mulde trägt mit ihrem Eigengewicht zur Hebung der vollen Mulde bei. Zur Beschickung der Mulden ist am Fuß des Gießturms ein Vorsilo angebracht, welches mit zwei Auslaufsträngen wechselseitig die Betonaufzugsmulden bedient. Es ist nur die Aufstellung einer doppelt wirkenden Winde erforderlich, welche aber unwesentlich teuerer ist. Die Leistung einer solchen Anlage kann zu 50 bis 60 Förderspielen pro Stunde veranschlagt werden, immer wieder natürlich unter der Voraussetzung, daß solche Massen auch eingebaut werden können. Wenn auch die Anlagekosten nicht viel niederer sein werden als diejenigen einer gleichleistungsfähigen Anlage mit Schnellaufzugswinde, so hat sie doch den Vorzug des geringeren Betriebsstoffverbrauchs. Die Bewährung solcher Anlagen und die im Betrieb damit gemachten praktischen Erfahrungen müssen wohl erst abgewartet werden, wenn auch kein vernünftiger Grund vorliegt zur Annahme, daß sich die sinnreiche, nach dem Prinzip des Bremsbergs arbeitende Anlage nicht bewähren sollte. Der Doppelaufzug wird vielfach vor allem auch im Hochbau bei den Gießmastanlagen die Lösung des Problems von leistungsfähigen leichten Anlagen mit geringen Betriebskosten bedeuten.

IV. Das Betonierverfahren mit Kabelkranen.

Die dem Verfasser von den beiden Maschinenfabriken Bleichert, Leipzig und Pohlig, Köln zur Verfügung gestellten Unterlagen und Angaben setzen ihn in die Lage, das schon vor der Einführung des Gußbetons mehrfach verwendete Betonierverfahren mit Kabelkranen einer näheren Untersuchung auf seine Wirtschaftlichkeit zu unterziehen. Dieses Verfahren wurde mehrfach zu Schleusenbauten in Deutschland verwendet, so beim Bau einer Schleuse im Mittellandkanal bei Minden, sowie beim Bau der Schleuse 1 am Rhein-Herne-Kanal (Abb. 38 und 39). Für Talsperrenbauten sind Kabelkrane aber nur in wenigen dem Verfasser bekannten Fällen (Wäggitalsperre)[1] zum Betonieren verwendet worden, sondern vielmehr zum Transport der Bruchsteine und des Mörtels. Es wäre falsch, anzunehmen, daß durch das Gußbetonverfahren bei solchen Bauten große Maschinenindustrien ausgeschaltet würden. Denn auch beim Bau von Talsperren in Gußbeton sind zu Transportzwecken Kabelkrananlagen oder ähnliche Anlagen ein dringendes Erfordernis. Auch die Aufbereitungsanlagen machen meist Seilbahnen oder ähnliche Anlagen nötig. Es wäre sogar zu erwägen, ob es in einzelnen Fällen, besonders bei kleineren Breitenabmessungen, wo die großen Leistungen der Gießtürme nicht ausgenützt werden können, nicht wirtschaftlicher wäre, den Gußbeton mit eigens konstruierten Krankübeln einzubauen, wobei entweder der ganze Kübelinhalt auf einmal entleert wird, oder durch Zwischenschaltung eines Vorsilos,

[1]) In Deutschland in neuerer Zeit: Schwarzenbachtalsperre.

welcher von einem Halteseil der Kabelkrananlage getragen wird, in eine an das Vorsilo anschließende Rinne gelangt.

Es soll hier nicht verschwiegen werden, daß in Fällen, wo sehr viel Eiseneinlagen in vertikaler Richtung das Einfahren des Krankübels be-

Abb. 38. Kabelkrananlage beim Bau einer Schleuse am Mittellandkanal in Minden (Bleichert).

hindern, der Gußbeton von vornherein vorteilhafter ist, wie auch anderseits das Kabelkranverfahren unter Verwendung von plastischem Beton bei Verblenden von Betonmauern mit Klinkermauerwerk vorzuziehen ist, da die als Schalung dienende Verblendung den Druck des flüssigen Betons schwer aushält und die große Leistungsfähigkeit einer Gußbetonanlage überhaupt nicht ausgenützt werden kann.

Abb. 39. Kabelkrananlage beim Bau der Schleuse I am Rhein-Hernekanal (Bleichert).

Es sollen im folgenden Untersuchungen darüber angestellt werden, ob und von welchen Grenzbetonmengen ab eine Kabelkrananlage gegenüber dem gewöhnlichen Stampfbetonverfahren wirtschaftliche Vorteile bietet. Da die Kabelkrananlage nur eine andere Lösung der Transportfrage beim Betonieren bedeutet, kann man beim Vergleich die Aufbereitung der Zuschlagsstoffe, das Mischen des Betons und den Einbau des Betons (bei größeren Arbeiten zweckmäßig

Abb. 40. Kabelkrananlage der Firma Pohlig (Köln).

mit Druckluftstampfung) gänzlich aus dem Vergleich ausscheiden und nur den Transport des Betons von Hand dem Transport mit Kabelkran gegenüberstellen. Es werden daher im folgenden die Wirtschaftlichkeitsgrenzen für zwei verschiedene Anlagen ermittelt werden:

1. eine Anlage von 300 m Spannweite, 5200 kg Tragkraft, mit Bodenentleerungskübel von 2 cbm Inhalt bei einer Hubgeschwindigkeit von 50 m/Min. und einer Katzfahrgeschwindigkeit von 300 m/Min.;
2. eine Anlage von 300 m Spannweite, 2800 kg Tragkraft, mit Bodenentleerungskübel von 1 cbm Inhalt bei einer Hubgeschwindigkeit von 50 m/Min. und einer Katzfahrgeschwindigkeit von 300 m/Min.

Abb. 41. Laufkatze einer Kabelbahn der Fa. Bleichert, Leipzig.

Ein maßgebender Faktor, der auch bei diesen Kostenvergleichen nicht übersehen werden darf, ist die durch das Kabelkranverfahren erzielte Ersparnis an Transportgerüsten. Die hierfür anfallenden Kosten sind aus den früheren Untersuchungen übernommen und die Grenzbetonmengen für eine Reihe von Werten von T (qm Gerüst) graphisch dargestellt. Die Untersuchungen könnten dann beispielsweise auf die Betonierung von Schleusen oder Brückenpfeilern großer Viadukte usw. Anwendung finden. Als System wurden für die folgenden Untersuchungen Kabelkrane mit beiderseits feststehenden eisernen Pendelstützen (Schwenkmasten) angenommen. Wären radialfahrbare Krane oder beiderseits fahrbare Krane mit hölzernem Maschinenturm angenommen worden, so wären die Anschaffungskosten der Anlage etwas niedriger, während dagegen durch die erforderliche Anlage der Fahrbahn (zweckmäßig in Beton) die Gesamtanlage wesentlich teuerer zu stehen kam. Abb. 40 zeigt eine Kabelkrananlage der Fa. Pohlig und Abb. 41 eine Laufkatze der Fa. Bleichert. Ein näheres Eingehen auf die maschinelle Anlage und Arbeitsweise von Kabelkrananlagen dürfte sich erübrigen. Es muß auf die diesbezügliche Spezialliteratur verwiesen werden (Stephan: Drahtseilbahnen, Aumund: Hebe- und Förderanlagen u. a. m.).

1. Kabelkrananlage mit 5,2 t Tragkraft und Spannweite $L = 300$ m.

Gerätekosten.

	Gewicht etwa t	Neuwert der Anlage etwa Mk.
Gesamte Krananlage umfassend die Antriebswinde, Steuerung, Indikator, Katze, Seile, elektrische Ausrüstung	20	50000,—
Eiserne Stützen bzw. Türme	17	10000,—
4 Förderkübel	3,2	3000,—
Insgesamt	40,2	63000,—

Die Gerätekosten der unter die Maschinengruppe $a_0 = 20\%$ zählenden Anlage betragen bei 2000 Betriebsstunden pro Jahr 7,56 M./Betriebsstunde und bei durchschnittlich 15 Förderspielen pro Stunde entsprechend einer Leistung von $15 \cdot 2{,}0 = 30$ cbm.

Gerätekosten pro 1 cbm Beton 0,252 M.

Die Förderkübel der Anlage sind in der Lage, 2 cbm feste Betonmasse zu fassen.

Hin- und Rücktransport, Montage und Nebenarbeiten. Für An- und Rücktransport sind die bereits früher gemachten Annahmen (100 km Entfernung) wieder der Rechnung zugrunde gelegt. Man erhält dann:

An- und Rücktransport 40,2 t à 15,70 M.		= 631,— M.
Montage durchschnittlich 12 Mann 100 Tage	= 12000 x	
Demontage	6000 x	
Betonieren der Fundamente etwa 120 cbm Beton à 28,50 M.		= 3420,— „
	18000 x	+ 4051,— M.

Betriebskosten. Der Kraftbedarf beträgt bei einer Hubgeschwindigkeit von 50 m/Min. und Katzfahrgeschwindigkeit von ca. 300 m/Min.

100 PS = 80 kW. Es seien angenommen 15 Förderspiele in der Stunde, d. h. $\frac{3600}{15} = 240$ Sek. Dauer eines Förderspiels (siehe auch genaue Berechnung der Förderspiele unter Löhne). Da eigentlich nur beim Heben des gefüllten Kübels und Katzfahren mit gefülltem Kübel Strom verbraucht wird, während beim Absenken des leeren Kübels kein und beim Katzfahren mit leerem Kübel wenig Strom verbraucht wird, so wird der Verbrauchsfaktor etwa zu $\underline{\eta = 0{,}30}$ gewählt. Es beträgt der Stromverbrauch dann 80 · 0,30 = 24 kWStd. pro 1 Betriebsstunde oder bei 15 Spielen à 2 cbm = 30 cbm stündlicher Leistung.

Stromverbrauch 0,80 kWStd. pro cbm.

Bei einem Strompreis von 0,05 M., wie er angenommen werden soll, ergibt dies 0,04 M. pro cbm.

Löhne. Zum Vergleich der Transportkosten wird das für Stampfbeton erforderliche Transportpersonal dem Transportpersonal der Kabelkrananlage gegenübergestellt.

Stampfbeton. Es werden, da mit $^3/_4$ cbm-Loren gefahren wird, zwei Betonmaschinen mit 750 l Füllung erforderlich, welche bei je 25 Mischungen à 0,6 cbm feste Betonmasse zusammen 30 cbm pro Stunde Beton liefern. Zum Transport sind dann bei einer mittleren Förderweite von 130 m und bei einer mittleren Geschwindigkeit der Förderwagen von 1 m pro Sekunde folgende Zeiten erforderlich:

Fahren der Loren $\frac{2 \cdot 130}{60}$	= 4,3 Min.
2 × Drehen auf Drehscheiben 2 · 0,3. . . .	= 0,6 „
1 × Kippen der Loren	= 0,3 „
	5,2 Min.
+ 15% für Aufenthalte und Unterbrechungen . .	0,8 „
pro eine Fahrt	= 6 Min.

In einer Stunde werden also durch zwei Mann eingebracht $\frac{60}{6} = 10$ Mischungen à 0,6 = 6 cbm. Für 30 cbm sind also zum Transport erforderlich mindestens 5 · 2 = 10 Mann und außerdem zwei Maschinisten zum Bedienen der Betonmaschinen.

Kabelkrananlage. Die angegebenen 15 Förderspiele können etwa wie folgt aus den Fahrzeiten errechnet werden:

Heben des gefüllten Kübels vor dem maschinenseitigen Turm um ca. 15 m	18 Sek.
Katzfahren mit gefülltem Kübel etwa 150 m $\frac{150}{45}$ . . . . =	33 „
Absenken des gefüllten Kübels stromlos 30 m	18 „
Heben des leeren Kübels um ca. 30 m	30 „
Katzfahren mit leerem Kübel $\frac{150}{4{,}5}$ . . . . =	33 „
Absenken des leeren Kübels an der Anhängestelle	18 „
Zeit für An- und Abhängen der Förderkübel	90 „
Insgesamt	240 Sek.

somit $\frac{360}{240} = 15$ Förderspiele pro Stunde.

Die Besetzung des Kabelkrans ist nun folgende:

1 Maschinist als Kranführer,
1 Mann zum Aufhängen des Kübels an der Betonmaschine,
2 „ zum Verschieben und An- und Abhängen der Kübel.

Die letzteren 2 Mann sind aber zum Teil mit anderen Arbeiten beschäftigt, weshalb nur 1 Mann in die Vergleichskostenrechnung eingeführt wird. Da hier außerdem eine Betonmaschine mit 1200-l-Füllung ausreicht, welche bei 30 Füllungen pro Stunde 30 cbm feste Betonmasse liefert und mit zwei Füllungen einen Krankübel füllt, so ist gegenüber der Stampfbetonanlage 1 Maschinist gespart. Es sind also beim Transportvorgang 9 Arbeiter gespart, was einer Lohnstundenersparnis von $\frac{9x}{30} = 0{,}30\,x$ pro 1 cbm Beton entspricht.

Die Ersparnis, welche bei den Schalarbeiten durch Versetzen der Schaltafeln mit dem Kabelkran entsteht, ferner die Ersparnis von Gleislegen und Betonrutschen, welche rechnerisch schwer festzustellen sind, seien ebenfalls zu $0{,}3\,x$ angenommen, so daß die Gesamtersparnis an Löhnen $0{,}60\,x$ beträgt.

Dazu kommt noch die Ersparnis an Transportgerüsten, welche früheren Berechnungen zufolge

$$T \cdot (2{,}4\,x + 0{,}30)\ \text{M.}$$

betragen, wenn T in qm die erforderliche Gerüstfläche bedeutet.

Kostengegenüberstellung für Stampfbetonverfahren mit Handtransport und Kabelkranbetonierverfahren.

Es ergibt sich dann folgende Bedingungsgleichung für die Grenzbetonmenge Q:

$$0{,}252 + 0{,}04 + \frac{4051 + 18000\,x}{Q} = 0{,}60\,x + \frac{T \cdot (2{,}4\,x + 0{,}3)}{Q}$$

oder

$$0{,}292 + \frac{4051 + 18000\,x}{Q} = 0{,}60\,x + \frac{T \cdot (2{,}4\,x + 0{,}3)}{Q}. \qquad (1)$$

Für verschiedene Werte T von 2000, 4000, 6000, 8000, 10000 qm ergeben sich folgende Grenzwerte von Q[1]:

$$T = 2000 \quad Q \cdot (0{,}6\,x - 0{,}292) = 132000\,x + 3451$$

$x = 0{,}486$	$Q = \infty$	$x = 2{,}0$	$Q = 32800$
$x = 0{,}50$	$Q = 1255000$	$x = 3{,}0$	$Q = 28500$
$x = 0{,}75$	$Q = 84500$	$x = 4{,}0$	$Q = 26700$
$x = 1{,}0$	$Q = 54000$		

$$T = 4000 \quad Q \cdot (0{,}60\,x - 0{,}292) = 8400\,x + 2851$$

$x = 0{,}486$	$Q = \infty$	$x = 2{,}0$	$Q = 21200$
$x = 0{,}50$	$Q = 880125$	$x = 3{,}0$	$Q = 18600$
$x = 0{,}75$	$Q = 57300$	$x = 4{,}0$	$Q = 17200$
$x = 1{,}0$	$Q = 36500$		

[1]) Die Grenzwerte von T schwanken für $x = 0{,}60$ M. bis $x = 4{,}0$ M. zwischen 8500 und 7800 qm.

$\underline{T = 6000}$ $Q \cdot (0{,}60\,x - 0{,}292) = 3600\,x + 2251$

$x = 0{,}486$	$Q = \infty$
$x = 0{,}50$	$Q = 505125$
$x = 0{,}75$	$Q = 31200$
$x = 1{,}0$	$Q = 19000$
$x = 2{,}0$	$Q = 10400$
$x = 3{,}0$	$Q = 8660$
$x = 4{,}0$	$Q = 7900$

$\underline{T = 8000}$ $Q \cdot (0{,}60\,x - 0{,}292) = 1651 - 1200\,x$

$x = 0{,}486$	$Q = \infty$
$x = 0{,}50$	$Q = 130100$
$x = 0{,}75$	$Q = 4680$
$x = 1{,}0$	$Q = 1430$
$x = 2{,}0$	$Q = —$
$x = 3{,}0$	$Q = —$
$x = 4{,}0$	$Q = —$

$\underline{T = 10000}$ $Q \cdot (0{,}60\,x - 0{,}292) = 1051 - 6000\,x.$

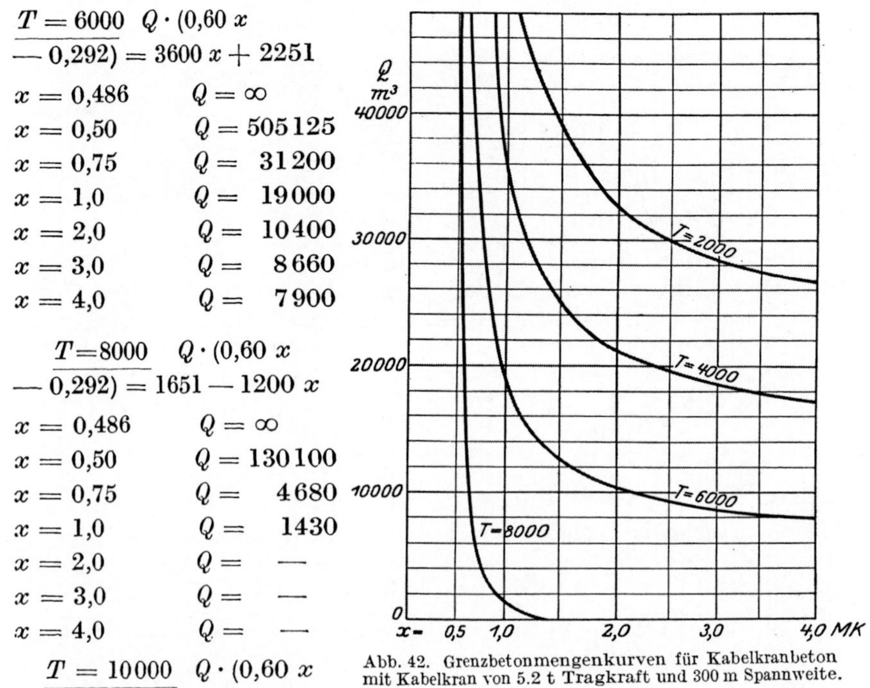

Abb. 42. Grenzbetonmengenkurven für Kabelkranbeton mit Kabelkran von 5.2 t Tragkraft und 300 m Spannweite.

Die Kabelkrananlage ist hier von $x = 0{,}485$ ab stets wirtschaftlicher, und zwar beträgt die Ersparnis bei Q cbm:

$$\underline{y = Q \cdot (0{,}60\,x - 0{,}292) + 6000\,x - 1051.}$$

In Abb. 42 sind die Grenzbetonmengenkurven zeichnerisch dargestellt.

2. Kabelkrananlage mit 2,8 t Tragkraft und Spannweite $L = 300$ m.

Die Förderkübel haben ein Fassungsvermögen von 1 cbm fester Betonmasse. Unter der Annahme, daß das Gewicht des Betons 2200 kg pro cbm beträgt, ergibt sich eine Tragkraft von 2800 kg.

Gerätekosten.

	Gewicht ca. t	Neuwert der Anlage ca. M.
1 Kabelkraftanlage, umfassend die Antriebswinde, Steuerung, Indikator, Katze, Seile und elektr. Ausrüstung	15	37000,—
Eiserne Stützen bzw. Türme	14,6	8800,—
4 Förderkübel	2,4	2500,—
Insgesamt	33,0	48800,—

Die Gerätekosten betragen bei 2000 Betriebsstunden im Jahr 5,86 M. pro Betriebsstunde und bei durchschnittlich 15 Förderspielen pro Stunde entsprechend einer Leistung von 15 cbm pro Stunde:

Gerätekosten pro 1 cbm Beton 0,39 M.

Hin- und Rücktransport, Montage und Demontage. Man erhält für:

An- und Rücktransport 33 t à 15,70 M. . . . . =	507,10	M.
Betonieren der Fundamente ca. 100 cbm Beton à 28,— M.	2800,—	„
	3307,10	M.

Montage durchschnittlich 10 Mann 60 Tage . . . . . . =	$6000\,x$
Demontage	$3000\,x$
	$9000\,x$

Summe 3307,10 + 9000 x.

Betriebskosten. Der Kraftbedarf beträgt bei einer Hubgeschwindigkeit von 50 m/Min. und einer Katzfahrgeschwindigkeit von ca. 210 m/Min. ca. 70 PS = 56 kW. Es kann der Stromverbrauchsfaktor wieder etwa zu $\eta = 0{,}30$ gewählt werden, so daß sich folgender Stromverbrauch ergibt: $56 \cdot 0{,}30 = 16{,}8$ kWStd. pro 1 Betriebsstunde, oder bei 15 Förderspielen pro Stunde à 1 cbm = 15 cbm stündlicher Leistung:

$$\frac{16{,}8}{15} = 1{,}1 \text{ kW Std. pro cbm.}$$

Bei einem Strompreis von 0,05 M. ergibt dies 0,055 M. pro cbm Beton.

Löhne und Kostenersparnis mit dem Kabelkranbetonierverfahren. Die gesamte Lohnersparnis kann wie bei Anlage 1. zu $0{,}6\,x$ angenommen werden.

Damit erhält man folgende Bedingungsgleichung für die Grenzbetonmenge Q:

$$Q \cdot (0{,}60\,x - 0{,}445) = 9000\,x + 3307{,}1 - T \cdot (2{,}4\,x + 0{,}3).$$

Für verschiedene Werte von T von 2000, 4000 und 6000 qm ergeben sich folgende Grenzwerte von Q[1]):

$$T = 2000 \quad Q \cdot (0{,}60\,x - 0{,}445) = 4200\,x + 2707{,}1$$

$x = 0{,}74$	$Q = \infty$	$x = 2{,}0$	$Q = 14700$
$x = 0{,}75$	$Q = 1171420$	$x = 3{,}0$	$Q = 11300$
$x = 1{,}0$	$Q = 44500$	$x = 4{,}0$	$Q = 10000$

$$T = 4000 \quad Q \cdot (0{,}60\,x - 0{,}445) = 2107 - 600\,x$$

$x = 0{,}74$	$Q = \infty$	$x = 1{,}00$	$Q = 9745$
$x = 0{,}75$	$Q = 331400$	$x = 2{,}00$	$Q = 1140$
$x = 0{,}80$	$Q = 46600$	$x = 4{,}00$	$Q = 0$

Berücksichtigt man, im Unterschied zu Anlage 1 noch, daß bei hohen und langen Fahrgerüsten die Ersparnisse an Lohnstunden etwas höher sein werden und setzt von $T = 5000$ an $0{,}9\,x$ als Lohnstundenersparnis in die Gleichung ein, so erhält man:

$$T = 6000 \quad Q \cdot (0{,}90\,x - 0{,}445) = 1800 - 5400\,x.$$

Von $x = 0{,}495$ ab ist die Verwendung eines Kabelkrans bei einer Betonarbeit, bei der mit dem Stampfbetonverfahren 6000 qm Transportgerüst

[1]) Die Grenzwerte von T schwanken für $x = 0{,}75$ M. bis $x = 4{,}00$ M. von 4800 qm bis 4000 qm.

erforderlich würden, stets wirtschaftlicher, und zwar beträgt die Ersparnis:

$$y = Q \cdot (0{,}90\,x - 0{,}445) + 5400\,x - 1800.$$

Es ist also in diesem Falle schon bei kleinen Betonmengen wirtschaftlich, einen Kabelkran zu verwenden. Dieser Fall tritt beispielsweise ein bei der Betonierung der Brückenpfeiler von Viadukten über tiefe Täler. Man ersieht hieraus, daß der Kabelkran in Frage kommt, wo sehr große Höhenunterschiede zu überwinden sind, welche sehr kostspielige Transportgerüste erforderlich machen würden, und wo mit Rücksicht auf die höhere Festigkeit bei der Ausführung plastischer Beton gewählt wird.

Dem Gußbetonverfahren gegenüber hat die Kabelkrananlage den Nachteil der größeren Anschaffungskosten, der längeren Montagedauer und höheren Montagekosten, während sie im Betriebsstoffverbrauch etwas billiger ist wie Gußbeton. Die Grenzbetonmengen liegen daher unter sonst gleichen Verhältnissen bei Gußbeton wesentlich niederer.

V. Zusammenfassung der gewonnenen Ergebnisse.

Die durch die Wirtschaftlichkeitsuntersuchungen des II. Teils der Abhandlung gewonnenen Ergebnisse kann man wie folgt kurz zusammenfassen:

1. Die Wirtschaftlichkeitsgrenze zwischen handgemischtem und mit Maschinen gemischtem Beton schwankt bei mittleren Löhnen von 0,50 M. bis 1,50 M. zwischen 340 cbm und 190 cbm. Die Grenze liegt um so höher, je niederer die Löhne und je größer die Entfernung der Baustelle vom Lagerplatz der Unternehmung ist.

2. Im Gußbeton-Tiefbau schwankt, wenn man zunächst von der Ersparnis von Transportgerüsten absieht, die Wirtschaftlichkeitsgrenze zwischen Stampfbeton und Gußbeton je nach der Größe der Anlage (Gießtürme von 500 l bis 1000 l) bei mittleren Stundenlöhnen von 0,50 bis 1,50 zwischen 2500 und 10500 cbm. Die Grenze liegt unter sonst gleichen Umständen um so niederer, je kleiner der Gießturm und je höher die Löhne sind. Die Entfernung der Baustelle ist auf die Höhe der Grenzbetonmenge von ganz geringem Einfluß.

Bei Berücksichtigung von ersparten Transportgerüsten fällt die Grenzbetonmenge mit wachsender Gerüstfläche. Bei 1000 qm ersparter Gerüstfläche schwankt sie bei mittleren Stundenlöhnen von 0,50 bis 1,50 bei großen Anlagen zwischen 2800 und 1200 cbm. Bei Gerüstflächen > 1500 qm ergeben sich keine Grenzwerte mehr, d. h. Gußbeton ist in diesem Falle auch bei kleinen Betonmengen stets wirtschaftlicher.

3. Die Ersparnisse bei Verwendung von Gießtürmen im Tiefbau sind ganz erheblich, besonders bei großen Betonmengen. Sie können für jeden einzelnen Fall aus Abb. 19 und 27 entnommen werden. Sie betragen beispielsweise bei Verwendung einer 750-l-Anlage bei einem Ob-

jekt von 50000 cbm Beton bei 2000 qm erspartem Fahrgerüst und einem mittleren Stundenlohn von 0,75 M. ca. 22000 M.

4. Die Wirtschaftlichkeitsgrenze bei Verwendung von Gießmasten im Hochbau schwankt bei mittleren Stundenlöhnen von 0,50 M. bis 1,50 M. zwischen 170 und 80 cbm pro Gießmast. Die Grenzbetonmenge liegt um so höher, je niederer die Löhne sind. Sie hängt außerdem von der mittleren Deckenstärke der Eisenbetondecken ab, wenn auch nur in Grenzen von 3 bis 10%. Die Grenze liegt um so niederer, je stärker die Decken sind.

5. Bei Verwendung des 500-l-Gießturms im Hochbau schwankt bei Löhnen von 0,50 bis 1,50 M. die Wirtschaftlichkeitsgrenze zwischen 840 und 530 cbm. Die Grenze liegt um so niederer, je höher die Löhne sind und stärker die Deckenkonstruktion ist. Die Verwendung von Gießtürmen im Hochbau lohnt sich also nur bei starken Decken und großen Massen.

6. Bezüglich der Verwendung von Schnellaufzügen ist zu sagen, daß für mittlere Stundenleistungen $<$ 20 cbm pro Stunde Schnellaufzüge meist wirtschaftlicher sein werden, besonders bei Betonmengen $<$ 10000 cbm. Bei großen Objekten mit mittleren Stundenleistungen der Anlage $>$ 20 cbm pro Stunde verwendet man zweckmäßig Aufzugsgeschwindigkeiten $\leqq$ 1,0 m pro Sek. Es ist überhaupt zu sagen, daß man bei Schnellaufzügen mit der Aufzugsgeschwindigkeit über 1,2 m/Sek. ohne zwingende Gründe nicht hinausgehen soll. Unter sonst gleichen Umständen sind Schnellaufzüge um so wirtschaftlicher, je billiger die Strom- (Betriebsstoff-)kosten und je höher die Löhne sind. Aussichtsreich scheint an Stelle der Schnellaufzüge bei Gießtürmen der Doppelaufzug zu sein.

7. Bei Dimensionierung einer Gußbetonanlage ist es bei wechselnden Leistungen wirtschaftlicher, nach einer mittleren Leistung und nicht nach der höchstmöglichen Leistung zu dimensionieren.

8. Beim Betonieren mit Kabelkranen liegt unter sonst gleichen Verhältnissen die Wirtschaftlichkeitsgrenze wesentlich höher als beim Gußbeton. Die Wirtschaftlichkeit ist bei mittleren Stundenlöhnen von 0,50 M. an aufwärts sichergestellt, wenn bei kleinen Anlagen mehr als 5000 qm, bei großen Anlagen mehr als 8000 qm Fahrgerüst im normalen Betonierbetrieb erforderlich würden.

Bei Bauwerken, wo es weniger auf Wasserdichtigkeit als auf Festigkeit ankommt und daher Stampfbeton oder plastischer Beton verwendet wird, können Kabelbahnen bei schwierigen Transportverhältnissen sehr wertvolle Dienste leisten. So wurde in neuester Zeit der plastische Beton der Sparschleuse in Anderten zum größten Teil mit Kabelbahnen eingebracht.

C. Schlußbetrachtung: Der Gußbeton und seine Eigenschaften im Lichte der neuesten Forschungen und Erfahrungen.

Im Laufe der vorangehenden Ausführungen wurden immer nur die Kosten der Herstellung der verschiedenen Betonbauweisen zur Untersuchung gestellt. Geringe Kosten und Ersparnisse an Arbeitslöhnen müssen nun nicht unbedingt ausschlaggebend für die Einführung der neuen Baumethode sein, da ja noch die Möglichkeit besteht, daß dieser Vorteil durch mangelnde Güte oder höhere Materialkosten wieder aufgehoben wird. Die Tatsache allein, daß in Amerika die Gußbetonbauweise heute allgemein üblich ist, könnte ja auch nicht als genügender Grund in Europa für die Bevorzugung dieser Bauweise gelten, zumal die Lohndifferenzen zwischen hier und dort ganz erhebliche sind. Es mögen daher zur Ergänzung und in teilweiser Wiederholung der vorausgegangenen Ausführungen in aller Kürze noch die Ergebnisse der neuesten Forschungen und Erfahrungen im Gußbeton zusammengefaßt werden. Es wird dabei vor allem Bezug genommen auf die Erfahrungen, welche nach den Veröffentlichungen über die Schweizer Talsperrenbauten bei diesen großen Gußbetonarbeiten gemacht wurden:

Als ein unbedingter Vorzug des Gußbetons kann bei einigermaßen sachgemäßer Herstellung (richtige Kornzusammensetzung, Wasserzusatz usw.) seine Wasserundurchlässigkeit angeführt werden. Das gleichmäßige Gefüge und die dichte Lagerung der Betonmasse bedingen die Unmöglichkeit von Luftporen und machen den Gußbeton für Bauwerke, welche dem Wasserdruck ausgesetzt sind, in hervorragendem Maße geeignet. Die größere Durchlässigkeit des erdfeuchten und plastischen Betons, vor allem des Stampfbetons, infolge ihrer größeren Porosität, wie auch infolge der Tagesfugen, welche wahre Sickerkanäle darstellen, sind zu bekannt. Durch die größere Porosität besteht dann auch die große Gefahr der Zerstörung des Betons von innen heraus. Besondere Dichtungsmittel sind bei Talsperrenbauten oder ähnlichen Bauten in Gußbeton nicht mehr erforderlich.

Ein weiterer nicht zu unterschätzender Vorzug des Gußbetonverfahrens liegt darin, daß man beim Einbau des Betons nicht mehr oder lange nicht mehr in dem Maße von der Sorgfalt menschlicher Arbeit abhängig ist, wie beim Stampfbeton, wo eine oder zwei schlechtgestampfte Schichten unter Umständen den Bestand eines ganzen Bauwerks in Frage stellen können.

In bezug auf Würfelfestigkeit ist der Gußbeton erdfeuchtem und plastischem Beton zweifellos unterlegen. Es ist jedoch zu bemerken, daß einmal die Würfelfestigkeit noch kein unbedingter Maßstab für die Güte der Ausführung ist. Die monolithische Beschaffenheit des

Bauwerks, welche auch eine gleichmäßige Festigkeit im ganzen Bauwerk gewährleistet, ist beim Gußbeton vorhanden, während bei Stampfbeton eine so gleichmäßige Festigkeit schwer zu erreichen ist, vor allem in den Tagesfugen. Es ist weiter zu beachten, daß bei Vornahme von Druckproben an Würfeln, welche aus dem Bauwerk herausgeschnitten sind, sich die Verhältnisse noch etwas zu gunsten des Gußbetons ändern. Denn die aus dem Bauwerk herausgeschnittenen Probewürfel haben erfahrungsgemäß höhere Festigkeiten aufgewiesen, als die gleichzeitig hergestellten Probewürfel. Nach den Versuchen an der Eidgenössischen Materialprüfungs-Anstalt verhalten sich nach sechs Monaten bei gleicher Zementdosierung die Festigkeiten

Erdfeucht : plastisch : Gußbeton = 100 : 80 : 63 und es nimmt unter sonst gleichen Verhältnissen die Druckfestigkeit im gleichen Verhältnis zu wie die Zementdosierung.

Wenn man nur die Würfeldruckfestigkeit zum Vergleich heranziehen würde, käme man zu dem Ergebnis, daß bei gleicher Druckfestigkeit der Gußbeton wesentlich mehr Zement erfordert wie Stampfbeton. Denn besonders bei Bauwerken, welche eine lange Rinnenentwicklung beim Gießen erforderlich machen, sollen nach den Erfahrungen an den schweizerischen Talsperren nicht wesentlich weniger als 200 kg Zement pro 1 cbm Beton verwendet werden, während ein in der Druckfestigkeit gleichwertiger Stampfbeton bereits mit 160 kg Zement erzielt wird. Ein solcher Schluß wäre aber nach den vorangegangenen Ausführungen ein Trugschluß.

Es ist noch weiter zugunsten des Gußbetons zu sagen, daß die Zubereitung beim Gußbeton durch entsprechende Wahl der Kornzusammensetzung, genaues Abwägen der Zuschlagstoffe usw., eine wesentlich sorgfältigere Zusammensetzung ergibt als dies beim Stampfbeton üblich war. Für die Festigkeit ist diese sorgfältige Auswahl der Kornzusammensetzung nach den Forschungen von Graf von großem Einfluß auf die Festigkeit des Betons.

Daß die Schalung im Gußbetonbau etwas höhere Kosten verursacht, steht außer jedem Zweifel, wenn dieser Nachteil auch wieder etwas ausgeglichen werden kann durch Verwendung von normalisierten Schaltafeln und maschinelles Versetzen derselben mit Turmdreh- oder Derrick-Kranen. Es wird zweckmäßig 3 bis 4 cm starke Schalung verwendet. Die Meinungen gehen noch auseinander, ob die Schalung gespundet (zweckmäßig Schweinsrückenspundung) sein soll oder nicht. Beim Versetzen der Schaltafeln ist die Spundung zweifellos sehr vorteilhaft, während teilweise dagegen angeführt wird, daß das beim Abbinden des Betons nicht benötigte überschüssige Wasser keine Möglichkeit zum Abziehen habe. Diese Streitfrage kann hier nicht entschieden werden, Die Herstellung der Schalung hat mit größter Sorgfalt zu erfolgen. Einseitiges Hobeln und Ölen der Schalung soll sich sehr gut bewährt haben. Der Druck auf die Schalung, welcher der Dimensionierung der Schalung zugrunde zu legen ist, hängt vor allem außer der Abbindezeit des Betons von der täglichen Leistung, d. h. der Füllgeschwindigkeit im Gußblock ab. Wie bereits früher ausgeführt, überschreitet man nicht gerne eine tägliche Gußhöhe von 1,5 m, da der Druck auf die Schalungen dem Wasserdruck direkt proportional angenommen werden kann (nach amerikanischen Angaben = dem 1,3fachen des Wasserdrucks, nach deutschen Angaben = 0,75fachen). Von Noak wurde die bereits auf S. 29 angegebene Formel aufgestellt:

$$p = \frac{\gamma}{f \cdot c} (1 - e^{-k \cdot c \cdot h}) .$$

Man erhält mit dieser Formel von Noak beispielsweise bei einer Schleusenmauer von 10 m mittlerer Breite im unteren Teil der Mauer bei Verwendung eines Gießturms von 24 cbm Stundenleistung bei Annahme verschiedener Gußhöhen folgende Drücke:

h max. = 1,20 p = 1,20 t/qm
h max. = 1,95 p = 2,87 ,,
h max. = 3,0 p = 4,70 ,,

Bei einer mittleren Gußhöhe von 1,50 m kann man also i. M., d. h. bei normaler Abbindezeit mit p = 2 t/qm rechnen. Der Druck wird zweckmäßig in der Hauptsache durch Rundeisenanker aufgenommen (10 bis 15 mm ∅), welche die Schalungen gegenseitig verspannen. Bei Berechnung des Schalungsdrucks ist, wie bereits erwähnt, die Abbindezeit des Gußbetons von ausschlaggebender Bedeutung. Diese wird aber bei großen Baukörpern verwickelter durch die Tatsache, daß der Beton sich beim Abbinden erwärmt, so daß also die niedere Lufttemperatur im Kern des Baukörpers sich nur im Anfang des Abbindeprozesses bemerkbar machen wird. Sicher ist aber, daß bei niederer Temperatur eine Verlängerung der Abbindezeit und damit eine Erhöhung des Drucks auf die Schalungen stattfindet. Im Herbst wird man mit ca. 20 Stunden Abbindezeit rechnen müssen. Zu der in der Literatur viel besprochenen Frage der Entmischung des Betons beim Gießen sei bemerkt, daß die zuerst bei der Verwendung von Gußbeton in Deutschland gehegte Befürchtung der Entmischung des Betons bei Höhentransport sich nicht als berechtigt erwiesen hat. Es konnten Entmischungen bei sachgemäßer Herstellung, soweit dem Verfasser bekannt, nicht beobachtet werden und es stünde vielleicht einem wagerechten Transport des Betons mit Kabelkranen, wenn dieser billiger wäre, nichts im Wege.

Daß besonders in Europa der plastische Beton völlig verdrängt würde durch den Gußbeton, ist nicht zu erwarten, da es Fälle gibt, wo plastischer Beton, mit Rücksicht auf seine höhere Druckfestigkeit am Platze sein kann. Wo man sich mit Rücksicht auf die örtlichen Verhältnisse für die Verwendung von Kabelkranen beim Betonieren entscheidet, wird man ebenfalls zweckmäßig plastischen Beton verwenden. Andererseits läßt sich, wie dies auch an der Wäggitalsperre geschehen ist, das Kabelkran-Betonierverfahren mit dem Gußverfahren vereinigen (siehe Abb. 43), wobei dann eine Konsistenz verwendet wird, welche zwischen der plastischen und der Gußkonsistenz liegt.

Eines wird man, besonders bei großen Betonmassen, bei keinem Verfahren in dem Maße erreichen, wie bei Gußbeton, nämlich große Leistungen und damit einen außerordentlich raschen Arbeitsfortschritt. Diese Eigenschaft und die vorerwähnten Vorzüge nebst seiner auch für europäische Verhältnisse unbedingt erwiesenen Wirtschaftlichkeit dürften Ursache sein, daß der Gußbeton auch in

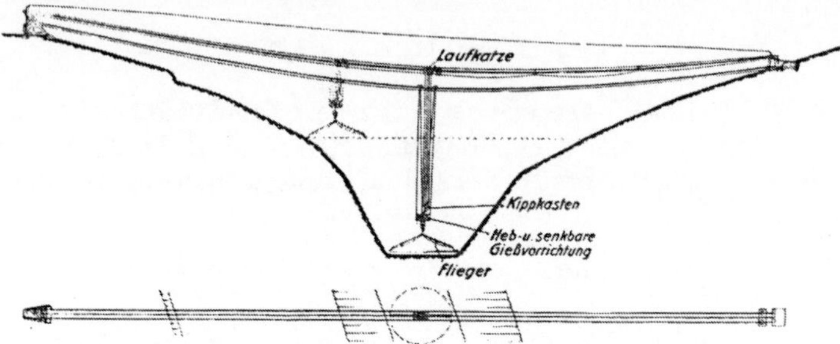

Abb. 43. Vereinigtes Kabelkran- und Gußbetonverfahren.

Europa weitere Verbreitung finden wird. Anzustreben wäre vielleicht in noch höherem Maße als bisher eine Anpassung der Maschinenindustrie an die Bedürfnisse der Bautechnik sowie die Schaffung von Spezialtypen, deren Herstellung durch weitgehende Normalisierung noch mehr verbilligt wird und deren Aufstellung rasch und einfach auch bei größeren Einheiten erfolgt. Es ist dann zu erwarten, daß die Wirtschaftlichkeit der Gußbetonbauweise sich im Laufe der nächsten Jahre noch weiter steigern wird.

Literaturverzeichnis.

I. Bücher.

Aumund, Dr. Ing. e. h.: Hebe- und Förderanlagen. Bd. 1, 2. Auflage 1926.
Eckert, Dr. Ing.: Über Kostenberechnung im Tiefbau. Berlin 1925.
Garbotz, Dr. Ing.: Betriebskosten und Organisation im Baumaschinenwesen. Berlin 1922.
Gilbreth, Dr. Lilian: Das Leben eines amerikanischen Organisators. Stuttgart: F. B. Gilbreth 1925.
Graf: Der Aufbau des Mörtels im Beton. Stuttgart 1925.
Gußbetonerfahrungen beim schweizerischen Talsperrenbau von E. Stadelmann. Zürich 1925.
Handbuch der Ingenieurwissenschaften.
Janssen: Der Bau-Ingenieur in der Praxis. Berlin 1923.
Kundigraber: Kalkulation und Zwischenkalkulation im Großbaubetriebe. Berlin 1900.
Lerche: Über Praxis des Veranschlagens von Eisenbetonbauten. Berlin 1925.
Mayer, Dr. Ing. Max: Betriebswissenschaft. Handbibliothek für Bauingenieure. I. Teil, 5. Band. Berlin 1926.
Moersch, Dr. Ing. e. h.: Der Eisenbetonbau. II. Band. Stuttgart 1924.
Osthoff-Scheck: Kostenberechnung für Ingenieurbauten. Leipzig 1913.
Ritter, Dr. Ing.: Kostenberechnung im Ingenieurbau. Berlin 1922.
Schmeer: Deutscher Ausschuß für Eisenbeton, Versuche mit dem Gießverfahren für Eisenbeton. Berlin 1926.
Weihe: Maschinenkunde. Handbibliothek für Bauingenieure. I. Teil, Bd. 3, Berlin 1923.
Werkmeister, Dr. Ing.: Das Entwerfen von graphischen Tafeln. Berlin 1923.

II. Zeitschriften.

Engg. News Rec. 1924, 1925, 1926.
Enzweiler, Dr. Ing.: Über neueste Erfahrungen im Gußbetonbau in Bauing. 1923, Heft 6.
Franke, Dr. Ing.: Gußbetonverteilungsanlagen der Neuzeit, in Zentralbl. Bauverw. 1924, Nr. 7—9.
Noak, Dr. Ing.: Untersuchungen des Druckes auf die Schalungen bei Gußbeton. Schweiz. Bauzg., 1. 9. 1923.
Probst, Dr. Ing.: Beton und Eisenbeton in den Vereinigten Staaten in Bauing. 1926, Heft 11 und folgende.
Zentralblatt der Bauverwaltung 1924, Nr. 38ff. Das Gußverfahren beim Bau der Schleuse Geestemünde und die Erfahrungen mit Gußbeton von Reg.-Baurat Arp und Gaye.

III. Kataloge und Angaben von Maschinenfabriken.

Allied Machinery Compagny of America (Lakewood), Zürich.
Bleichert & Co., Leipzig-Gohlis.
Groß Andreas, Maschinenfabrik Schwäb. Gmünd.
Insley Manufacturing Co., Indianopolis.
Internationale Baumaschinenfabrik A.-G., Neustadt a. d. Haardt.
Linke-Hofmann Lauchhammer A.-G., Berlin.
Pohlig A.-G., Köln.
Ransome Concrete Machinery Co., New-Jersey.
Vögele A.-G., Mannheim.
Wolf A.-G., Magdeburg.

Lebenslauf des Verfassers.

Der Verfasser ist geboren am 25. August 1893 als Sohn des Oberreallehrers Ernst Baumeister in Buchau a. F. (Württemberg). Er besuchte das Karlsgymnasium und die Oberrealschule in Stuttgart, wo er Sommer 1912 die Reifeprüfung mit gutem Erfolge ablegte.

Herbst 1912 bezog er die Technische Hochschule in Stuttgart, um Bauingenieurwissenschaften zu studieren und legte Herbst 1913 dort die Diplomvorprüfung mit gutem Erfolge ab.

Nach 3½ jähriger Unterbrechung der Studien durch den Kriegsdienst setzte er November 1918 seine Studien fort und legte Herbst 1919 die Diplomhauptprüfung in Stuttgart mit gutem Erfolge ab.

Für das Winterhalbjahr 1919/20 war er Assistent für Eisenbahn- und Straßenbau an der T. H. Stuttgart.

Ab April 1920 bis Oktober 1926 war er ununterbrochen im Privatdienst in der Bauleitung von Tiefbaustellen, als Eisenbetoningenieur, als Geschäftsführer und Abteilungsleiter bei folgenden Bauunternehmungen tätig:

Bauunternehmung Leonhard Moll, München,

A.G. für Beton- und Monierbau, Berlin, Filiale Stuttgart,

Hochtief A.G. für Hoch- und Tiefbauten (vorm. Gebr. Helfmann), Essen,

Peter Büscher und Sohn, Münster i. Westf.

Seit Oktober 1926 hat sich der Verfasser als beratender Bauingenieur in Münster i. W. niedergelassen.